工程施工安全必读系列

安 装 工 程

李志刚　主编

中国铁道出版社

2012年·北京

内 容 提 要

本书以问答的形式介绍了建筑给水排水工程、通风空调工程、建筑电气工程、建筑供电工程的安全施工，做到了技术内容最新、最实用，文字通俗易懂，语言生动，并辅以直观的图表，能满足不同文化层次的技术工人和读者的需要。

图书在版编目(CIP)数据

安装工程/李志刚主编. —北京：中国铁道出版社，2012.5
（工程施工安全必读系列）
ISBN 978-7-113-13795-3

Ⅰ.①安… Ⅱ.①李… Ⅲ.①建筑安装－安全技术－问题解答
Ⅳ.①TU758-44

中国版本图书馆 CIP 数据核字(2011)第 223788 号

书　　名：	工程施工安全必读系列 安 装 工 程
作　　者：	李志刚

策划编辑：江新锡
责任编辑：曹艳芳　陈小刚　电话：010－51873193
封面设计：郑春鹏
责任校对：胡明锋
责任印制：郭向伟

出版发行：中国铁道出版社(100054，北京市西城区右安门西街 8 号)
网　　址：http://www.tdpress.com
印　　刷：北京市燕鑫印刷有限公司
版　　次：2012 年 5 月第 1 版　2012 年 5 月第 1 次印刷
开　　本：850mm×1168mm　1/32　印张：2.25　字数：58 千
书　　号：ISBN 978-7-113-13795-3
定　　价：7.00 元

工程施工安全必读系列
编写委员会

前　言

　　建设工程安全生产工作不仅直接关系到人民群众生命和财产安全,而且关系到经济建设持续、快速、健康发展,更关系到社会的稳定。如何保证建设工程安全生产,避免或减少安全事故,保护从业人员的安全和健康,是工程建设领域急需解决的重要课题。从我国建设工程生产安全事故来看,事故的根源在于广大从业人员缺乏安全技术与安全管理的知识和能力,未进行系统的安全技术与安全管理教育和培训。为此,国家建设主管部门和地方先后颁布了一系列建设工程安全生产管理的法律、法规和规范标准,以加强建设工程参与各方的安全责任,强化建设工程安全生产监督管理,提高我国建设工程安全水平。

　　为满足建设工程从业人员对专业技术、业务知识的需求,我们组织有关方面的专家,在深入调查的基础上,以建设工程安全员为主要对象,编写了工程施工安全必读系列丛书。

　　本丛书共包括以下几个分册:

　　📚 《建筑工程》

　　📚 《安装工程》

　　📚 《公路工程》

《安装工程》

《市政工程》

《园林工程》

《装饰装修工程》

《铁路工程》

　　本丛书依据国家现行的工程安全生产法律法规和相关规范规程编写,总结了建筑施工企业的安全生产管理经验,此外本书集建筑施工安全管理技术、安全管理资料于一身,通过大量的图示、图表和翔实的文字,使本书图文并茂,具有实用性、科学性和指导性。本书完全按照新标准、新规范的要求编写,以利于施工现场管理人员随时学习及查阅。

　　本书对提高施工现场安全管理水平、人员素质,突出施工现场安全检查要点,完善安全保障体系,具有较强的指导意义。该书是一本内容实用、针对性强、使用方便的安全生产管理工具书。

编者

2012 年 3 月

目 录

第三章　建筑电气安装工程施工安全

📚 第四章　建筑供电工程施工安全

第一章

建筑给水排水工程施工安全

怎样操作才能保障管道工的安全？

(1)管材运输,应清理道路上的障碍物。汽车运输必须有起重机或装卸工配合;手推车运输必须将管子绑扎牢固,装卸时起落要一致;用滚杠运输不得用手直接调整滚杠,管子滚动前方不得有人。用塔式起重机往高处运管时,应遵守塔式起重机有关规定。管材堆放应该放稳放牢,不得乱堆乱放。

(2)管材的除锈和刷漆,应在安装之前进行。锯断管材时,应将管材夹在压力钳中,不得用平口虎钳;管材应用支架或手托住。用砂轮锯断管材时,压力应均匀,不得用力过猛,操作人员应站在砂轮片旋转方向的侧面。

(3)铲管材破口、磨口、剔飞刺、敲焊渣时,操作人员应戴防护眼镜,对面不得有人。

(4)煨管时,钢丝绳在管上应绑扎牢固,操作人员不得站在钢丝绳的里侧或随意跨越钢丝绳。地锚和别管用的柱子必须牢固。

(5)管道吹洗时,排出口应设专人监护。在吹洗和试验过程中,不得进行安装或检修。

怎样才能保障暖卫设备及管道安装施工的安全？

(1)高空作业时,应对所有的脚手架、安装梯台、吊栏、吊架、活动安装台及升降台进行检查,保证操作安全。戴好安全带、安全帽,严禁踩踏探头板。

(2)用手扶正模具和埋件时,注意电动设备,严防手触及振

捣棒。

（3）在配合建筑施工中的预留和预埋时，要注意配合默契，不得相互干扰，防止发生意外。

（4）现场电焊、气焊应由焊工自己负责管理好，且另设有专人进行防火管理焊接场地的周围严禁堆放易燃易爆品。电焊机、氧气瓶、乙炔发生器夏季必须避免烈日暴晒。

（5）进入高层作业时，严禁乘坐运料吊盘。

（6）用电加工机械设备，或手动电动工具，必须有良好的接地和接零线。

（7）手锤和木锤的锤头应经常检查，使用过程保持牢固状态，避免锤头掉落。

（8）烘炉和施焊场地周围的易燃、易爆物品，应进行清除、覆盖或隔离。

（9）烘炉周围应设有防火设施。

（10）乙炔发生器必须设有防止回火的安全装置。如果采用乙炔瓶，在氧气瓶与乙炔瓶之间的距离必须大于 5 m，氧气带禁止被油脂污染，乙炔带不得用铜管连接。

（11）各类管材应排放在地面上的垫木上，应高出地面 150 mm，堆放成塔形，管侧要安设挡板或挡杆，也可做临时管架放管，以防管子滑落，管子排放高度不大于 500 mm。从钢管堆中取管子时，应按顺序拿，严防钢管从堆上滚下压伤人。

（12）各类调直机械使用前要查各部件和电动机是否符合安全规定，防护措施是否有效，空转试运后再用。

（13）等离子的弧光及紫外线十分强烈，对皮肤和眼睛伤害很大，操作人员必须做好保护措施。对于长期使用等离子切割的车间或场地，必须设置强制抽风装置。

（14）联合切斯机设备构造复杂，操作前应熟悉操作规程，防止出现意外事故。

怎样才能保障室内给水系统管道安装施工的安全？

（1）施工地点应整齐、清洁，设备、材料、废料按指定地点堆放，并按指定道路行走，不准从危险地区通行，不能从起吊物下通过，与运转中的机械保持距离。

（2）在挖管沟时，应根据土质情况适当放坡。在沟内安装管道时，随时注意沟壁情况，必要时采取加固措施，防止塌方事故。

（3）地下给水管道为铸铁管时，剁管应注意防止飞屑伤人。下管时使用绳索要牢固，防止绳断伤人。

（4）用电动套丝机套丝时，应专人使用。操作者应熟知机具性能，机具应有良好绝缘装置，防止事故发生。

（5）打楼板洞眼时，应抓紧錾子，用手锤或电锤打眼，应逐渐扩孔，不得用大锤打爆破眼，孔眼下不得有人停留防止砸伤。用錾子、手锤修整、凿打过墙孔洞时，锤、錾应握紧，注意自身与他人安全。不得用大锤打眼。

（6）搬运和吊装管子时，应注意不要与裸露的电线接触，防止触电。

（7）登高作业时，下面应有人扶牢梯、凳，做好监护工作，并戴好安全帽。不准往上或向下抛丢东西，只准用绳向上吊向下系。

（8）使用电动设备时，操作者应掌握机具性能，注意电器设备安全。

（9）使用电焊工具、水焊工具、手工钨极氩弧焊机，要严格遵守安全防护措施，完善安全防护设备。

（10）套丝、安装管道如两人操作时，配合应密切协调，步调要一致。

（11）胶黏剂含有对人体有害的成分。在胶黏剂涂敷过程中，挥发出有害气体。因此，使用胶黏剂的场所应有良好的通风换气条件。操作人员应穿戴防护服、手套、口罩等防护用品。操作场所严禁烟火，胶黏剂沾污的场所应用水冲刷清洗，对于长期从事胶粘操作者应定期进行体检。不要在有明火的地方进行黏结加工，操作时

禁止吸烟。

(12)试压时,在管道的末端如果没有墙板或丝堵时,严禁在其对面站人。

(13)在试验压力下不许紧固螺栓或锁紧螺母。

(14)试压时所处环境的温度,必须在 5 ℃以上,倘若低于此温度,应采取升温措施,或用其他介质进行压力试验。

(15)管道试验中,不可在试验压力下超过规定时间去检查管道,严防管道本身受损而留下人为的隐患。

(16)给水管路系统冲洗时,应注意环境空气温度,当气温低于 0 ℃时不得进行冲洗作业。

(17)当发现冲洗水排出时流速缓慢,送水压力急剧上升时,应立即停泵降压,检查冲洗管路是否有堵塞物或是否阀门尚未全开。

怎样才能保障室内铸铁、PVC 排水管道施工的安全?

(1)在沟槽内施工时要随时检查沟壁,如有土方松动、裂纹等情况应及时加固沟避支撑。

(2)用剁子断管时应用力均匀,边剁边转动,不得用力过猛,防止裂管飞屑伤人。

(3)打楼板眼时,上层楼板眼应盖住,下层应有人看护,打下层眼时相应部位不得有闲人和杂物。锤、錾应握稳,切勿将工具等从孔中掉落至下一层,打眼不得用大锤。

(4)拉、抬管段的绳索要检查好,防止绳断伤人,就位的横管及时用铁线,支、托、吊卡具固定好,防止脱落。

(5)使用水电焊工具要严格遵守有关安全防护措施,认真配备安全附属设施。

(6)用绳索拉或人抬使预制立管就位时,要检查绳索是否稳固,要抬稳扶牢,铁钎固定立管要牢固可靠。

(7)高层建筑的管井空间狭小,且为高空作业,施工时必须在管井内搭设可靠的安装平台,以提供施工方便、保证施工安全。

(8)冬季施工,温度不宜低于 −10 ℃;当施工环境温度低于

—10 ℃时，应采取防寒防冻措施。施工场所应保持空气流通，不得密闭。

（9）黏结管道时，操作人员应站于上风处，应配戴防护手套，防护眼镜和口罩等。

怎样才能保障室内采暖管道安装施工的安全？

（1）使用带丝套扣进刀退刀时，用力要均衡，不得用力过猛。压力案上不准放重物，套丝扳用后不准立放，以免倒下伤人。使用机械套螺纹时，应按其操作规程进行。

（2）若两人拉锯断管，要相互配合，用力要均匀，断至尾部时，扶住管子，以免管子突然坠落，砸伤腿部。割管机断管时也如此。

（3）使用机电设备前，先检查有无漏电，如有故障，必须经电工修理好方可使用。机电设备应有保护罩和接地线路，绝缘性能要良好，电源开关要设于专用开关箱内，下班时断电上锁。操作电动弯管机时，勿接近旋转的弯管模。

（4）操作机电设备时，严禁戴手套，并应将袖口扎紧。女同志应戴工作帽，严禁在运转过程中检修机具设备。

（5）使用手锤前，先检查锤头牢固否，使用砂轮锯应有防护措施，机具上不准随意放重物。

（6）利用塔式起重机向楼层运管时，必须捆绑牢固，以防管子滑脱打伤人。

（7）现场同一垂直面上下交叉作业必须戴安全帽，必要时设置安全隔离层，出入在起重机臂回转范围，随时注意有无重物起吊。

（8）支托架上安装管子时，先把管子固定好再接口，防止管子滑脱砸伤人。

（9）安装立管时，先将楼板孔洞周围清理干净，不准向下扔东西。在管道井操作时，必须盖好上层井口的防护板。

（10）在地沟内或顶棚里操作时，应用防水电线和 12 V 安全电压照明。顶棚内焊口要严加注意防火。焊接地点严禁堆放易燃物。

（11）高空作业必须系好安全带，严防登滑或踩探头板。

安装工程

怎样才能保障散热器组安装施工的安全？

(1)安装现场使用冲击电钻或手电钻等带电设备必须遵守使用电气设备的规章制度。

(2)使用冲击钻或手电钻打孔眼时,应先检查设备和电缆线是否完好,不得有漏电现象。

(3)安装前对使用的机具进行检查,必须完好方可使用,以防机具伤人和损坏散热器。

(4)散热器托钩(挂板)安装牢固后方可安装散热器。

(5)使用扳手、管钳时,钳口要适当,不可用力过猛。

怎样才能保障卫生洁具安装施工的安全？

(1)垂直及水平运输卫生器具,特别是铸铁搪瓷浴盆,尺寸大、质量大,绳索在使用前应检查,认为安全可靠才能使用。使用施工外用电梯作垂直运输,必须遵守外用电梯按全操作规程。楼内水平运输必须仔细不能碰坏设备本身,也不能碰坏墙和门窗。

(2)卫生器具及安装、辅助材料,特别是纸屑、木板等必须及时清理运走,一方面保持施工现场整洁,另一方面可避免火灾发生。

(3)木砖要栽埋牢固,待达到强度后再装设支架和洗脸盆,以防器具坠落伤人。

怎样才能保障室内消防管道及设备安装施工的安全？

(1)进入施工现场前,应首先检查施工现场及周围环境是否达到安全要求,安全设施是否完好,及时消除危险隐患后,再进行施工。

(2)施工现场严禁随意存放易燃易爆物品,现场用火应在指定的安全地点设置。

(3)对在高层安装管道支架或敷设管道及其他施工作业时,应

搭好施工作业的脚手架,确保施工作业的稳定与安全。

(4)戴好手套、安全帽或其他安全保护设施,防止砸伤和磕碰。

(5)电、气焊安全措施。

1)焊工必须是有证合格焊工,严禁非焊工施焊。

2)动焊前应将作业区域及其附近的易燃易爆物品清理干净,楼板上的孔洞应严密覆盖,防止火星掉入下层。

3)电焊把线、零线必须合格,绝缘层破损处应及时做好绝缘包扎。把线、零线必须同时到位,禁止借用金属管道、钢结构作零线。把线、零线须整齐挂在墙面或空中,不应随意拖地敷设。

4)氧气、乙炔瓶应间距 5 m 以上,两瓶与动火点距离 10 m 以上,氧气表、乙炔表必须完好无损并经计量检验部门检验合格,检验时间不超过 1 年,氧气、乙炔瓶防震胶圈齐全。

5)电焊机接电安装与拆卸必须由有证电工操作,电焊机外壳应有良好的接地。下班时电焊机电源应切断,检查动火现场确认无火星,才能离开现场。

6)在建筑物围护结构尚未施工的框架内动焊,遇 6 级以上大风应停止动焊作业。

怎样才能保障室内消防气体灭火系统管道及设备安装施工的安全?

(1)使用高凳时,先检查有无缺损,同时必须系好防滑绳,禁止二人在同一高凳上同时操作,不准垫高使用。

(2)参加试压的工作人员,要认真学习,熟记安全要求和试验操作程序,不经安全培训的人员不得上岗操作。

(3)在试压期间,灭火区内管道经过的部位,严禁施工,严禁无关人员停留,并派专人在上述区域巡视。

(4)在试验过程中严禁气瓶口正面对着操作人员,要侧身开启瓶口,在气瓶与管网接口处除操作人员外其他人员应离开 5 m以外。

(5)管网在加压过程中,不得对管网敲打,如发现问题,应做好

标记,及时泄压后再进行修理。

(6)试压合格后,泄压时阀门应缓慢开启,泄压速度不能过快,以泄压口处没有明显的颤动为原则。高压气体可分段回收到钢瓶中,重复使用。

(7)试压期间,无关人员不得进入试压现场,并在区域内挂牌示意。

怎样才能保障室外给水管道及设备安装施工的安全?

(1)吊装管子的绳索必须绑牢,吊装时要服从统一指挥,动作要协调一致,管子吊起后,沟内操作人员应避开,以防伤人。沟内人员必须戴好安全帽。

(2)用手工切断管子时不能过急过猛,管子将断时应扶住管子,以免管子滚下垫木时砸脚。

(3)爆破断管时,要制定特殊安全措施,详细交底,统一指挥,遵守爆破工程有关规定的操作顺序。

(4)施工作业时,不准向沟内随便乱扔材料和工具等物料。

(5)管道在对口过程中,要相互照应,防止挤手。

(6)吊装拨杆垂直下方不准站人。

怎样才能保障室外供热管道安装施工的安全?

(1)通行地沟及半通行地沟内施工时,防止沟壁的局部倾塌以及沟边的乱石滑进沟内砸伤人。

(2)在地沟里吊卸管子或阀件时,严防破裂或自行脱落,地沟内外要严密配合,落物位置不可站人。

(3)地沟内应使用安全照明,防水电线。

(4)吊装过程中使用的麻绳,要常常检查,其备用强度要符合有关规定,并按规定结扣打牢。

(5)起重机械设备使用前,均须认真检查其制动设施,符合安全规定,才准许吊装。

(6)双层作业及地沟内作业要戴安全帽。

(7)管道安装过程中所用的绳索,每次使用前均须进行检查。

(8)高空作业中使用的脚手架、跳板使用前要经过检查。

(9)高空作业要扎好安全带,工具用后要放进专用袋中,不准放在架子或梯子上,防止落下砸伤人。

(10)高空作业的人员严禁喝酒后进行操作。

(11)架空管道上的固定支座尤其要加强检查其坚固性,严防掉落下来砸伤人。

(12)多层管道对接焊口时,应在下层已施工完的管道上面铺上防火制品,防止外层的塑料薄膜或玻璃布保护壳着火。

怎样才能保障锅炉及附属设备安装施工的安全?

(1)锅炉在运输、吊装安装过程中所使用的起重机具,重点是钢丝绳和夹具,必须经过详细检查,合格后方可使用,吊装前必须试吊。

(2)非操作人员严禁进入吊装区内,桅杆下方不得站人,也不准操作时走人。

(3)高空作业,必须遵守操作规程及有关规定。

(4)锅炉在运输、起吊、就位过程里,听从统一指挥、相互协调、步调一致,防止砸、碰、挤、压伤操作人员。钢丝绳的位置不能妨碍锅炉就位。

(5)锅炉扶梯、平台、栏杆焊接安装时要注意防火,必须遵守电焊防火规程。

(6)在炉排安装过程中,由于构件都比较重,要注意慢抬轻放,在组装过程中要相互照应,防止落下砸伤人。

(7)炉排安装前在炉内应有安全照明,电路设施应有电工专门管理,以防触电。

(8)起重设备及绳索夹具使用前及过程中,都要严格检查,并且

安装工程

严格听从指挥。

(9)铸铁省煤器在运输、起吊与安装过程里,使用的起重机具要经过检查,合格后方可使用。

(10)在组装铸铁省煤器时,要相互协调,不要砸伤手脚。

(11)清洗过程中应有相应的防火、防毒、防爆等安全措施,保障人身安全。

(12)风机在搬运和吊装过程中,工检查吊装机具、绳索,发现异常应立即停止作业。

(13)试运前,对风机的转动外露部分,必须先行安装防护罩或围栏。

(14)当气象条件不利于设备安装时,应有保护措施方可进行安装。

(15)试运中,风机叶轮的切线方向及联轴器附近不许站人、防止发生危险。

(16)安全除渣机法兰接口的场地狭小,应戴好安全帽,防止碰撞头部。

(17)除渣机进入预留口下到除渣坑时,要防止下滑时挤伤坑下的人,在除渣机两侧可用撬杠点住,慢慢向坑里下放。

(18)吊运、安装泵体和驱动机之前,应对起重、运输和吊装设备,以及夹具、索具进行检查,是否有松动或损坏的迹象。

(19)吊装时,要防止吊杆、吊钩、钢丝绳等碰到电线上。

(20)吊起设备或部件时,提升或下降应平稳,不得急动和冲击。

(21)在潮湿地方操作时,电焊工应穿胶鞋。

(22)试运前,对螺栓之类紧固件,应逐个查看有无松动现象。

(23)试运时,如发现铿锵的金属声,可能设备里夹有坚硬物件或装配不当,应立即停车,消除故障后再试运。

(24)水压试验过程中,在检查时,严格禁止在压力超过0.4 MPa时紧固法兰螺栓。

(25)水压试验时设立特别标志,避免发生危险。

(26)有压力时,人不得站在接口处或法兰和阀门的正前面。

(27)用手锤检查焊口时,只准在焊口附近轻轻敲,严禁用手锤直接敲击焊缝,防止出现意外,危及操作人员的安全。

(28)煮锅药品的配制和加入药液时,操作人员应穿好工作服,戴上橡皮手套和防护眼镜,穿好橡胶鞋。

(29)当锅内压力升高时,如发现有异常情况和特殊声响,立即停炉检查,解除故障后方可继续运行。

(30)蒸汽锅炉升火期间,严密监视省煤器出口水温,发现水温比工作压力下饱和温度低,且不足 40 ℃时,立即关闭省煤器通往锅炉管道上的阀门,开启省煤器通往水箱的再循环阀门,对省煤器单独进行。

(31)安全阀未校正前锅炉绝对禁止投入运行。

(32)烘炉、煮炉试运过程必须有消防临时设施。

(33)所有安全阀经校正后禁止乱动。

怎样才能保障管道防腐施工的安全?

(1)配制沥青底漆时,使用的汽油应远离火源,严禁靠近火源。距明火不少于 10 m。严禁把汽油等易燃熔剂倒入熔化的沥青锅内。

(2)熬制沥青溶液时,要戴口罩、手套、眼镜、长袖防热手套、阻燃鞋盖、劳保胶鞋等劳动保护用品,注意高温脱水时不要被沥青烫伤,并不可站在下风处操作,防止中毒。

沥青锅上空不得有架空电线通过。四周应设围栏或设明显的"危险"标志。

(3)沥青加热、使用全过程中应有专人看管,不得擅离职守,并配备泡沫灭火器、铁锅盖、干砂、防火铁锹等消防器材。沥青锅装料不得超过锅深度的 2/3。装运热沥青不准使用锡焊的金属容器,装入量不得超过容器深度的 3/4。

(4)在管沟、管槽内施工时,应设监护人员,要注意滑坡、塌方或上部落下物体伤人等事故的发生。

(5)严禁在雨、风、雪和大雾天中施工,当气温低于 5 ℃时,应按冬季施工考虑,采取必要的升温措施。当使用煤炭取暖时,应符合防火要求,并指定专人负责管理,应有防止一氧化碳中毒的措施。

当气温低于－25 ℃时,不得做防腐工作。管子凝有霜露应先经干燥后作防腐。

(6)夏季作业应调整作息时间,从事高温工作的场所,应加强通风和降温措施。

(7)沥青锅起火处理:如发现沥青锅着火,不应立即用木棍等工具将锅盖盖在锅上,同时用于砂熄灭炉火,封闭炉门。无关人员迅速离开,以防爆炸。如沥青外溢到地面着火,可用泡沫灭火器灭火或干砂覆盖。绝对禁止浇水灭火。

(8)进行管道酸洗的操作人员必须有安全可靠的防护措施。操作人员应戴防护眼镜和口罩,穿好工作服,戴好橡皮手套等。旁边还应有清洁的水、药棉、纱布等备用物品。

怎样才能保障管道保温施工的安全?

(1)在紧固钢丝或拉钢丝网的时候,用力不得过猛,不得站在保温材料上操作或行走。

(2)从事矿渣棉、岩棉、玻璃纤维棉(毡)等作业时,衣领、袖口、裤脚应扎紧或采取防护措施。

(3)聚氨酯泡沫塑料现场浇筑发泡,施工所采用的异氰酸酯及其催化剂等原料均系有毒物质,对上呼吸道、眼睛和皮肤有强烈的刺激作用,操作时应戴上防毒面具、防毒口罩、防护眼镜、橡皮手套等防护用品,以免中毒和影响健康。

怎样才能保障散装锅炉的正确安装?

(1)锅炉基础放线时,应将锅炉房内的杂物清理干净。所有的坑、洞、预留口 1.5 m×1.5 m 以下的洞口,必须设置牢固的安全防护盖板。1.5 m×1.5 m 以上的洞口周边必须设两道牢固的护身栏杆,中间挂水平安全网。

(2)锅炉施工现场临时电源的架设,应遵守以下规定。

1)两级漏电保护。总配电箱和开关箱中两级漏电保护器的额定漏电动作电流和额定漏电动作时应合理配合,使之具有分级、分段保护的功能。

2)施工现场的漏电保护开关在总配电箱、分配电箱上安装的漏电保护开关的漏电动作电流应为 50～100 mA,保护该线路;开关箱安装漏电保护开关的漏电动作电流应为 30 mA 以下。

3)漏电保护开关不得随意拆卸和调换零部件,以免改变原有技术参数。并应经常检查试验,发现异常,必须立即查明原因,严禁带病使用。

(3)锅炉安装施工用的照明,应不超过 36 V 安全电压;锅筒内应使用不超过 12 V 的低压照明。

(4)设备拆箱使用的工具柄安装牢固。拆箱的箱板应边拆、边清、边按指定地点码放整齐。

(5)安装使用的承重的操作平台,应由架子工按专项安全施工组织设计(施工方案)或安全技术措施交底搭设。并经交接验收合格后,方可使用。操作平台进料一侧的防护栏杆应及时恢复。平台上不得堆放材料或设备部件,严禁超负荷使用。

(6)锅炉本体吊装受力点应牢固可靠,锚点严禁拴在砖柱、砖墙或其他不稳固的构筑物上。

(7)吊装时必须遵守起重工、起重机司机和信号指挥有关内容的规定。两台卷扬机起吊一个部件时,两台转速必须同步一致,严禁用两台吨位不等,转速、转矩不一致的卷扬机起吊一个部件或一台设备。

(8)安装锅炉钢架横梁时,操作人员高处作业必须系好安全带。手不得扶在横梁的顶端。在横梁与立柱未焊牢之前,严禁上人操作。第一圈横梁安装好后,中间应挂设安全网。

(9)应注意:化铅锅应设在露天,有防雨措施;操作人员应戴手套和防护眼镜;严禁将潮湿铅块放入铅锅内。钢管退火,应先将退火的管头烘干再插入铅锅内,并固定牢固;操作人员脚应加鞋盖。

(10)锅炉本体的平台、护身栏、爬梯和扶手,必须随锅炉的安装同步进行。

(11)胀管时,锅筒外应设专人监护,发现不安全隐患,应及时拉闸断电。往锅筒内送风时,严禁用无防护罩的排风扇代替轴流

安装工程

风机。

(12)焊工焊接锅炉钢架时,必须遵守焊工的有关规定。电焊机的二次线必须双线到位,严禁借用其他金属结构或钢管脚手架代替回路。

(13)螺旋出渣机进行冷态试车和炉排试运转时,必须有暂设电工配合进行。

(14)电气控制设备、省煤器、液压传动装置、鼓引风、软化水等设备安装,必须按照分项施工工艺标准中安全规定和安全技术措施交底执行,严禁违章作业。

(15)安装机电设备试运转时,必须会同有关人员共同进行,不得擅自开动。大型设备试运转应听从专人指挥,不得任意改变或减少操作步骤。

怎样才能保障快装锅炉的正确安装?

(1)操作人员应严格执行专项施工方案和安全技术措施交底。

(2)锅炉及附属设备在水平运输或吊装作业时,操作人员应以起重工为主,并执行起重工有关规定。非操作人员不得进入吊装作业区。

(3)土法吊装使用三木搭时,三木搭结构必须有足够的受力强度,稳固可靠,应用钢丝绳挂倒链,严禁使用8号铅丝代替。

第二章

通风空调工程施工安全

怎样才能保障电焊设备操作的安全？

(1)电焊机必须安放在通风良好、干燥、无腐蚀介质、远离高温高湿和多粉尘的地方。露天使用的焊机应搭设防雨棚,焊机应用绝缘物垫起,垫起高度不得小于 20 cm,按规定配备消防器材。

(2)电焊工在焊接操作前必须严格检查电焊机电焊工具的安全性能;供电、焊接回路接头的压接应紧密牢固,且裸露接线柱应有防护罩;焊钳、焊接电缆、地线的绝缘应无损坏。若有破损和异常现象,必须修复或更换,禁止未经修复前开机操作。电焊机外壳必须装设漏电保护器和与保护零线相接,其电源的装拆应由电工进行。

(3)电焊机使用前,必须检查绝缘及接线情况,接线部分必须使用绝缘胶布缠严,不得腐蚀、受潮及松动。

(4)电焊机必须设单独的电源开关、自动断电装置。一次侧电源线长度应不大于 5 m,二次线焊把线长度应不大于 30 m。两侧接线应压接牢固,必须安装可靠防护罩。

(5)电焊机的外壳必须设可靠的接零或接地保护。

(6)电焊机焊接电缆线必须使用多股细铜线电缆,其截面应根据电焊机使用规定选用。电缆外皮应完好、柔软,其绝缘电阻不小于 1 MΩ。

(7)电焊机内部应保持清洁。定期吹净尘土。清扫时必须切断电源。

(8)电焊机启动后,必须空载运行一段时间。调节焊接电流及极性开关应在空载下进行。直流焊机空载电压不得超过 90 V,交流焊机空载电压不得超过 80 V。

 安装工程

怎样才能保障氩弧焊操作的安全？

（1）手工钨极氩弧焊接不锈钢，电源采用直流正接，工件接正，钨极接负。

（2）用交流钨极氩弧焊机焊接不锈钢，应采用高频稳弧措施，将焊枪和焊接导线用金属纺织线进行屏蔽。预防高频电磁场对握焊枪和焊丝双手的刺激。

（3）手工氩弧焊的操作人员必须穿工作服，扣齐纽扣、穿绝缘鞋、戴柔软的皮手套。在容器内施焊应戴送风式头盔、送风式口罩或防毒口罩等个人防护用品。

（4）氩弧焊操作场所应有良好自然通风或用换气装置将有害气体和烟尘及时排出，确保操作现场空气流通。操作人员应位于上风处。并应采取间歇作业法。

（5）凡患有中枢神经系统器质性疾病、植物神经功能紊乱、活动性肺结核、肺气肿、精神病或神经官能症者，不宜从事氩弧焊不锈钢焊接作业。

（6）打磨钍钨极棒时，必须戴防尘口罩和眼镜。接触钍钨极棒的手应及时清洗。钍钨极棒不得乱放，应存放在有盖的铅盒内，并设专人负责保管。

怎样安全使用人字梯？

（1）高度2m以下作业（超过2m按规定搭设脚手架）使用的人字梯应四脚落地，摆放平稳，梯脚应设防滑橡皮垫和保险拉链。

（2）人字梯上搭铺脚手板，脚手板两端搭接长度不得少于20cm。脚手板中间不得同时两人操作，梯子挪动时，作业人员必须下来，严禁站在梯子上踩高跷式挪动。人字梯顶部铰轴不准站人、不准铺设脚手板。

（3）人字梯应经常检查，发现开裂、腐朽、榫头松动、缺档等不得使用。

怎样才能保障施工人员的安全？

（1）操作时用火，必须申请用火证，清除周围易燃物，配足消防器材，应有专人看火和防火措施。

（2）下料所裁的铁皮边角余料，应随时清理堆放指定地点，必须做到活完料净场地清。

（3）操作前应检查所用的工具，特别是锤柄与锤头的安装必须牢固可靠。活扳手的控制螺栓失灵和活动钳口受力后易打滑、歪斜不得使用。

（4）操作使用錾子剔法兰或剔墙眼应戴防护眼镜。錾子毛刺应及时清理掉。

（5）在风管内操作铆法兰及腰箍冲眼时，管内外操作人员应配合一致，里面的人面部必须避开冲眼。

（6）人力搬抬风管和设备时，必须注意路面上的孔、洞、沟、坑和其他障碍物。通道上部有人施工，通过时应先停止作业。两人以上操作要统一指挥，互相呼应。抬设备或风管时应轻起慢落，严禁任意抛扔。往脚手架或操作平台搬运风管和设备时，不得超过脚手架或操作平台允许荷载。在楼梯上抬运风管时，应步调一致，前后呼应，避免跌倒或碰伤。

（7）搬抬铁板必须戴手套，并应用破布或其他物品垫好。

（8）安装使用的脚手架，使用前必须经检查验收合格后方可使用。非架子工不得任意拆改。使用高凳或高梯作业，底部应有防滑措施并有人扶梯监护。

（9）安装风管时不得用手摸法兰接口，如螺丝孔不对，应用尖冲撬正。安装材料不得放在风管顶部或脚手架上，所用工具应放入工具袋内。

（10）搂板洞口安装风管，在开启管子预留洞口的钢筋网或安全防护盖板前应向总承包单位提出申请，办理洞口使用交接手续后，方可拆除。操作完毕应将预留洞口安全防护盖板恢复好，盖严盖牢。

(11)在操作过程中,室内外如有井、洞、坑、池等周边应设置安全防护栏杆或牢固盖板。安装立风管未完工程,立管上口必须盖严封牢。

(12)在斜坡屋面安装风管、风帽时,操作人员应系好安全带,并用索具将风管固定好,待安装完毕后方可拆除索具。

(13)吊顶内安装风管,必须在龙骨上铺设脚手板,两端必须固定,严禁在龙骨、顶板上行走。

(14)安装玻璃棉、消声及保温材料时,操作人员必须戴口罩、风帽、风镜、薄膜手套,穿丝绸料工作服。作业完毕时可洗热水澡冲净。

怎样安全使用铰口机?

(1)操作时手不得放在铰口机轧道上,送料时要将板材摆正、扶正,手指距滚轮不得小于 5 cm。

(2)操作人员应与出铁板保持安全距离,预防铁板边蹭伤。

怎样安全使用扳边机?

(1)上下模间的间隙必须调整均匀,上模和工作台上不准放置任何工具和杂物,工件表面不得有焊疤等缺陷。

(2)操作人员不得将手靠近上下模。操作人员应相互配合,翻板及折方时,前面不得站人。

怎样安全使用液压铆钉钳?

(1)接通电源后,应运转 2~3 min,无异常声音时再按动钳头按钮。操作时,必须将铆钉头与钳头活塞杆中心对准,按动电钮完成板材冲孔,然后偏移铆钉中心,再按动电钮即完成铆接作业。

(2)操作时严禁将手置于活塞与铆钉之间。应注意两手同开关的距离,严禁准备工作时触动开关。

(3)系统上的压力调整螺钉与流量调整螺钉,严禁随意拧动。

怎样安全使用电动剪?

(1)根据被剪材料的厚度选用相应规格的剪刀,预防应超负荷工作而崩刃。

(2)使用电动剪刀时,手要扶稳电动剪,用力适当,严禁用手模刀片和用手触摸刚刚剪过的工件边缘

怎样安全使用卷圆机?

(1)操作时应把工件放平、放稳再开机,手不得直接推送板料,预防手被卷入。

(2)卷板时,机器未停止转动不准进行检测,卷板的圆度卷道末端时必须留有一定余量,预防伤人或损坏机械设备。

怎样安全使用剪板机?

(1)操作前应认真检查润滑、限位等部位是否正常,开机后必须先空运转,确认正常后再进行剪板。

(2)操作剪板机剪切钢板,应放置平稳。应与机器操作人员配合一致,手严禁伸入压力下方,待送料人员离开危险部位后方可进行剪切。严禁剪切超过规定厚度和压不住的窄钢板。上刀架不得放置工具等物品。调整铁板时,手不得触动开关,脚不得放在踏板上。

(3)及其在运转中严禁在剪床上捡、拾边角废料。工作完毕应拉闸断电,锁好闸箱,并及时清理下脚料,做到活完场净。

怎样安全使用撬棍？

(1)撬棍的支点应靠近重物,支点下应利用坚硬石块或铁块垫实,并应有一定的底面积,防止支点滑脱。

(2)操作时先将一端撬起,垫上枕木,再撬起另一端,如此反复进行,依次逐渐把重物举高。将重物落下也是用上述方法。两边高差不得太大,防止设备倾倒。

怎样才能保障金属风管制作过程的安全？

(1)操作前应检查所有手工工具是否牢固可靠。

(2)使用剪切机剪切时,手禁止伸入压板空隙中。

(3)使用固定式振动剪,两手要扶稳钢板,用力适当,手指离刀口不得小于50 mm。刀片破损,应及时更换。

(4)用折方机折方时,操作人员必须和机械保持一定距离,防止被翻转的钢板和配重击伤。

(5)使用折方机时板机上刀架不准放置工具等物品。调整钢板时脚不能放在踏板上,剪切时手禁止伸入压板空隙中。

(6)在风管内铆接法兰及加固部件冲孔时,管外配合人员面部要避开冲孔。

(7)组装风管时,法兰孔应该用尖冲撬正,严禁用手指触摸。

(8)熔化锡锭时,不得淋进雨水,防止气化爆炸。

(9)稀释盐酸时,不得将水倒入盐酸中,应将盐酸慢慢地倒入水中。

(10)使用电动机械时,操作人员一定要经过培训,操作时一定要执行其操作规程。

怎样才能保障硬聚氯乙烯风管制作过程的安全？

(1)电热箱等用电设备,必须有良好的接地保护,免遭电伤。

(2)使用圆盘锯切割塑料板时,操作前先要检查锯片不得有裂口,螺钉要拧紧。操作时要戴防护眼睛,站在锯片一侧。禁止与锯片站在用一直线上,手臂不得跨越锯片。

(3)使用剪板机切塑料板,应防止平稳。剪板时,上剪未复位时不可送料,手不得伸到压力剪下方。不得剪切超过剪板机规定厚度的塑料板和难以压住的窄塑料板。

(4)现场机具、材料、塑料板边角料要堆放整齐,要保证道路畅通,防止滑倒、绊倒伤人。

怎样才能保障双面铝箔复合风管制作和安装过程的安全?

(1)使用剪板机时,严禁将手伸入机械压板空隙中;上刀架不得放置工具等物品;调整板料时,脚不能放在踏板上;使用固定振动剪时两手要扶稳钢板,手与刀口不得小于 5 cm,用力均匀适当。

(2)咬口时,手指距滚轮护壳不小于 5 cm,不得将手放在咬口机轨道上,必须扶稳板料。

(3)折方时,应互相配合并与折方机保持距离,以免被翻转的钢板或配重击伤。

(4)操作卷圆机、压缝机,不得用手直接推送工件。

(5)操作前检查所有工具,特别是使用木、钣金、大锤之前,应检查锤柄是否牢靠。使用大锤时,严禁戴手套操作,并注意锤头起落范围内有关其他人员或无障碍物。

(6)电动机具应布置安装在室内或搭设的工棚内,防止雨雪的侵袭;使用剪板机床时,应检查机件是否灵活可靠,严禁用手触摸刀片及压脚底面。双人配合下料时更要互相协调,在取得一致的情况下,才能按下开关。

(7)使用型材切割机时,要先检查防护罩是否可靠,锯片运转是否正常。切割时,型材要量准,固定后再将锯片下压切割,用力要均匀,适度。使用钻床时,不得戴手套操作。

(8)风管搬运,需根据管段的体积、重量,组织适当的劳动力。

在加工现场条件允许的条件下也可以用平板车运输。多人搬运风管用力要一致,轻拿轻放,堆放整齐。

(9)玻璃钢风管制作场地比较潮湿,照明电线及动力电缆必须架空敷设或采取其他防潮措施。现场用电需专业电工接线,其他人员不得私自接线。

(10)作业地点必须配备灭火器或其他灭火器材。

怎样才能保障风管系统安装过程的安全?

(1)风管在搬动过程中,要避免扎伤、碰伤。长距离需用车辆运输时,不得超载、超高度,要绑扎牢固,确保运输安全。

(2)用于高空作业的脚手架搭设必须牢固,使用的靠梯、人字梯和高凳必须牢固可靠,其下端有防滑措施。

(3)当预留洞需要修正或需要重新打洞时,要戴防护眼镜和手套,同时检查手锤锤头是否有脱落的危险,其下方不得站人或有人通行。

(4)风管及部件安装时,首先检查吊架、支架是否牢固,有无脱落危险,布置的数量、位置、制作和安装方法是否符合设计要求。

(5)进入现场必须戴好安全帽,高空作业须系好安全带,穿防滑鞋,并随身携带工具袋。

(6)采用滑轮或链吊装风管及部件时,应将其绑扎在固定结构上,受力后不得松动。所用索具要牢固,吊装时应加稳定用的溜绳,并与电线保持安全距离。

(7)风管吊装前,应检查吊装索具是否符合要求。风管(部件)起吊离地200 mm左右时,必须全面检查绳索、卡具是否牢固,确认安全后继续起吊。风管下方严禁站人。

(8)风管吊装,必须持续进行,不得中途停止,防止发生危险;如必须中途停止,应将绳索临时绑扎在牢固的结构上,但必须在当班下班前将风管吊装就位。

(9)风管吊装就位后,应立即用正式吊、支架支承,不得用钢丝或绳索进行临时固定。

（10）风管吊装时，禁止与电线接触。

（11）风管吊装时的场地，应有一定的照明度，利用自然光线仍不能满足时，应采用低压照明，行灯照明电压不得超过 36 V，金属管内的行灯照明电压不得超过 12 V，所有行灯必须有防护罩。

（12）风管之间、风管与设备之间当用法兰连接时，要用尖头冲子穿孔定位，不得用手触摸钻好的孔，以免划破手指。

（13）对施工区域内的井、洞、坑、池等，应设置护拦、盖板，并同时配置明显的警示标志等，任何人不得擅自拆除或移动。

怎样才能保障组合式空调和新风机组安装过程的安全？

（1）所有工序、所有使用机具设备都有切实可靠的安全措施。

（2）机组拆卸、清晰和装配时要小心谨慎，轻拿轻放。索具要牢固，防止伤人和损坏仪表。

（3）吊装设备时，应事先检查吊装机具是否安全可靠，吊装物下方严禁站人。

怎样才能保障通风机安装过程的安全？

（1）通风机的外露部分应有防护罩；通风机的进风口或出风口直通大气时，应加防护罩或采取其他防护措施。

（2）硬聚氯乙烯材料制造的风机的安全网应牢固。

（3）吊装风机时，首先检查吊装机具是否安全可靠；吊装物下严禁站人。

怎样才能保障消声器安装过程的安全？

（1）制作地点的光线充足。

（2）所有工序、所使用的机具设备都有切实可行的安全措施。

（3）消声器较重，应单独设置支、吊架、拆卸、维修和更换。

怎样才能保障空调制冷管道安装过程的安全？

（1）需要在施工现场充灌制冷剂时，操作人员戴好防护用品，严格按操作规程进行，同时确保现场空气流通，严禁烟火。

（2）管道试压，应编制试压方案，应检查管道支架、管道端头睹板及临时加固设施的牢固性和可靠性。

（3）使用各种工具前应进行安全及操作规程教育。

怎样才能保障通风空调系统调试过程的安全？

（1）凡参与空调调试的有关人员，在调试前应由专业技术人员进行安全技术交底，让施工人员了解本项目的安全管理方针和目标，了解施工作业过程中的危险源及应采取的应急响应措施。

（2）进入施工现场或施工作业时，必须穿戴劳动防护用品，在高、吊顶内作业时要戴安全帽。

（3）高处作业人员应按规定轻便着装，严禁穿硬底、铁掌等易滑的鞋。

（4）所使用的梯子不得缺档，不得垫高使用，下端要采取防滑措施。

（5）在吊顶作业时一定要穿戴整齐，切勿踏在不承重的地方。

（6）在开启空调机组前，一定要仔细检查，以防杂物损坏机组，调试人员不应立于风机的进风方向。

（7）使用仪器、设备时，要遵守该仪器的安全操作规程，确保其处于良好的运行状态，合理使用。

第三章

建筑电气安装工程施工安全

怎样才能保障钳工在操作过程中的安全？

（1）虎钳应用螺栓稳固在工作台上，当夹紧工件时，工件应夹在钳口的中心，不得用力施加猛力。加紧手柄不得用锤或其他物件击打，不得在手柄上加套管或用脚蹬。并应经常检查和复紧工件。所夹工件，不得超过钳口最大行程的2/3。

（2）在同一工作台两边的虎钳上凿、铲加工物件时，中间设防护网，单面工作台要一面靠墙放置。

（3）使用手锤、大锤时严禁戴手套，手和锤柄均不得有油污。甩锤方向附近不得有人停留。

（4）锤柄应采用胡桃木、檀木或蜡木等，不得有虫蛀、节疤、裂纹。锤的端头内要用楔铁楔牢，使用中应经常检查，发现木柄有裂纹必须更换。

（5）使用锉刀、刮刀、錾子、扁铲等工具时，不得用力过猛；錾子或扁铲有卷边毛刺或有裂纹缺陷时，必须磨掉。凿削时，凿子、錾子或扁铲不宜握得过紧，操作中凿削方向不得有人。

（6）使用钢锯，工件应加紧，用力要均匀，工件将锯断时，用手或支架托住。

（7）使用喷灯烘烤机件时，应注意火焰的喷射方向，周围环境不得有易燃、易爆物品。

（8）砂轮机必须安装钢板防护罩，操作砂轮机严禁站在砂轮机的直径方向操作，并应戴防护眼镜。磨削工件时，应缓慢接近，不要猛烈碰撞，砂轮与磨架之间的间隙以3 mm为宜。不得在砂轮上磨铜、铅、铝、木材等软金属和非金属物件。砂轮磨损直径大于夹板25 mm时，必须更换，不得继续使用。更换砂轮应切断电源，装好

 安装工程

试运转确认无误,方准使用。

(9)操作钻床,严禁戴手套,袖口应扎紧;长发(女工)必须戴工作帽,并将发挽入帽内。

小型工件钻孔时,应使用平口钳或压板压住,严禁用手直接握持工件。钻孔铁屑不得卷得过长,清除铁屑应用钩子或刷子,严禁用手直接清除。钻孔要选择适当冷却剂冷却钻头。停电或离开钻床时必须切断电源,箱门锁好。

(10)操作手电钻、风钻等钻具钻孔时,钻头与工件必须垂直,用力不宜过大,人体和手不得摆动;孔将钻通时,应减小压力,以防钻头扭断。

(11)使用扳手时,扳口尺寸应与螺帽尺寸相符,不得在扳手的开口中加垫片,应将扳手靠紧螺母或螺钉。扳手在每次扳动前,应将活动钳口收紧,先用力扳一下,试其紧固程度,然后将身体靠在一个固定的支撑物上或双脚分开站稳,再用力扳动扳手。高处作业时,应使用死扳手,如用活扳手必须用绳子拴牢,操作人员必须站在安全可靠位置,系好安全带。使用套筒扳手,扳手套上螺母或螺钉后,不得有晃动,并应把扳手放到底。螺母或螺钉上有毛刺,应进行处理,不得用手锤等物将扳手打入。扳手不得加套管以接长手柄;不得用扳手拧扳手,不得将扳手当手锤使用。

(12)设备安装前开箱检查清点时,必须清除箱顶上的灰尘、泥土及其他物件。拆除的箱板应及时清理码放指定地点。拆箱后,未正式安装的设备必须用垫物垫平、垫实、垫稳。

(13)安装天车轨道和天车时,首先应会同有关人员检查验收用于安装的脚手架是否符合要求,合格后方准使用。从事天车轨道和天车的操作人员,应带工具袋,将随身携带的工具和零星材料放入工具袋内。不能随身携带工具袋时,可将工具和材料装入袋中,用绳索起吊运送,严禁上下抛掷递送。严禁在天车的轨道上行走或操作。

(14)检查设备内部时,应使用安全行灯或手电筒照明,严禁使用明火取光照射。

(15)设备往基础上搬运,尚未取放垫板时,手指应放在垫铁的两侧,严禁放在垫铁的上、下方。垫铁必须垫平、垫实、垫稳,对头重

脚轻的设备、容易倾倒的设备,必须采取可靠安全措施,垫实撑牢,并应设防护栏和标志牌。

(16)拆卸的设备部件,应放置平稳,装配时严禁把手插入连接面或探摸螺栓孔。

(17)在起重机、倒链吊起的部件下检测、清洗、组装时,应将链子打结保险,并且用预先准备的道木或支架垫平、垫稳,确认安全无误后,方可进行操作。

(18)设备清洗、脱脂的场地必须通风良好,严禁烟火,并设置警示牌。

用煤油或汽油作清洗剂,如用热煤油,加温后油温不得超过40 ℃。不得用火焰直接对盛煤油的容器加热(中间必须用铁板隔开),用热机油作清洗剂,油温不得超过 120 ℃。清洗用过的棉纱、布头、油纸等要集中收集在金属容器内,不得随意乱扔。

(19)设备安装试运转时,必须按照试运转安全技术措施方案(交底)执行。有条件时,应先用人力盘动;无法用人力盘动的大设备可使用机械,但必须确认无误后,方可加上动力源,从低速到高速,从轻载到满负荷,缓慢谨慎地逐步进行,并应做好试运转的各项记录。在试运转前,应对安全防护装置进行可靠试验。试运转区域应设明显标志,非操作人员不得进入等。

怎样才能保障铆工在吊装作业中的安全?

(1)吊装用的钢丝绳应经常检查,发现芯油挤出,必须及时更换匹配的钢丝绳,应防水泡、高温、电弧击伤及电流灼热退火,严禁接触有腐蚀性的化学物质。

(2)钢丝绳承载时应舒展,不得扭结、搭压或变形。套索不得沾泥或铁屑及金属颗粒。吊装或捆扎重物时,必须受力均匀,钢材棱角必须加保护垫。

(3)用后的钢丝绳套索,必须悬挂在架子上,重盘绳应放在垫好的木板上。

(4)吊装作业前必须严格检查绳索、链掌、卸扣、卡(夹)具、销

轴、卡体母材等。发现裂纹、开焊、压扁变形等缺陷，严禁使用。

（5）针对吊装物的形体，合理选择捆绑位置和方法，重心要低，捆绑要牢，确保平衡。吊装前应先进行试吊合格，方可正式吊装。

（6）挂钩、脱钩应戴手套。往钩上挂或脱钩时应持绳套下端，往重物上挂或脱钩时应持绳套上端。重物捆绑不牢，不得起吊。多人操作必须由专人指挥。

（7）吊运行程半径下面不得有人，并应避开障碍物。吊装接近吊具满负荷时，必须设专人检查抱闸。吊装易燃、易爆或避震的物件应有可靠的防护措施。

（8）吊运必须与电线、电缆保持安全距离，并应躲避有"防火"、"防爆"标志的物件。大型设备吊装必须按专项安全施工组织设计（施工方案）的安全技术措施内容执行。

（9）安装铆工使用的支架、挂架操作前必须认真检查合格后，方可使用。架上不得放置零散铁件，严禁攀登、跨越护身栏和随意拆改。

（10）在架上作业时，应穿绝缘、防滑鞋，配合焊接作业应戴防护镜。

怎样才能保障工人在使用大锤或手锤时的安全？

（1）操作前根据工作需要选用锤的大小，检查锤头、锤柄的安装是否牢固，锤头有无裂纹、翻边、油污和其他杂物。作业时严禁戴手套。

（2）打锤时必须注意周围人员及其他设备安全，注意避开障碍物、拖绳及临时电线等。

（3）两人以上打锤及撑钳，人不得站在大锤运动平面内。操作时应集中精神，不得抢打、乱打。

（4）热加工用锤，要勤沾水，预防锤柄松动。两人或多人操作要配合一致，步子稳、撒锤快、躲步准确。打锤时，锤与工件要平、实，不得斜击。

怎样才能保障工人在使用风铲、电铲时的安全?

(1)操作使用风铲(凿)应检查送风管,接口应牢固,阀门良好,铲头有裂纹时不得使用。操作时应及时清理毛刺。更换铲头必须口向下,严禁面对风枪口。

(2)使用电铲前,必须由电工检测设备的绝缘,电缆线不得有接头。操作人员必须穿绝缘鞋,戴绝缘手套。

怎样才能保障工人在使用磁力钻时的安全?

操作前必须由电工检测电源线的绝缘和设备的接地保护等完好,漏电保护装置灵敏有效。操作时不得戴手套,钻头和工件必须保持垂直。严禁手直接接触铁屑。

怎样才能保障工人在使用卷板机时的安全?

(1)操作前应检查机器的润滑情况,电气控制灵敏有效,接地良好,一切正常,启动空载试运行后,才允许投入卷板。

(2)停机后插入工件找正放稳,操作人员必须站在卷板两侧,严禁站在钢板上,手要离开。滚圆中不宜用拼板,随板测量必须停机。

(3)钢板卷到尾端应留有余量。卷大弧度半成品,待到端头时,卷板机两侧不准人员停留,必要时需有卷弧胎架,以便板材端出辊落在物架上。

(4)卷圆管对口,机工和铆工必须听从统一口令;用撬棍撬板时,卷管机严禁卷动,待板口撬平后再慢慢卷动将管口对平、点焊。"倒头体"出管一边,应留有足够的场地,以便卷管形成后顺利倒头脱机,吊离卷管机。卷大直径筒体,必须用吊具配合。

怎样才能保障工人在使用龙门切板机时的安全？

(1)首先应检查刀架上是否有其他工件,并清理干净。开机后先空载运行,检查运转声音、压料器、刀架上下均匀运转正常,方可操作。

(2)剪料间隙根据工件要求进行调整后,方可入料。入料时严禁掀开安全护栏。剪板时操作人员必须将钢板放置平稳,对好线并发出信号后,才允许开机剪板。上剪未复位不可送料,手严禁伸入剪刀下方。

(3)剪大料时,机后应加适当托架,防止板材滑出。剪板机后严禁行人通过。

(4)剪板机不可超负荷作业,剪板厚度不得超过本机额定厚度。压不到的窄钢板,严禁剪切。

怎样才能保障工人在使用刨边机时的安全？

(1)操作前应检查电气及限位控制、机床油泵供油系统和小车行走正常,小车行走轨道不得有障碍物。空车运行数次正常后,方可紧固刀具,上料操作。

(2)吊装大型板材入料时应平稳,不得碰撞机身和护栏。板料放在机架工作面上,应由人工推动入料,专人校定加工尺寸,手动压紧螺纹。工件必须卡牢,待液压压紧头达到额定压力时,重新紧固手动丝杠,应紧固一致均衡。所用垫板要统一平整,不得用带毛刺或变形的垫板。

(3)两人操作必须分工明确,相互照应,协调一致,统一操作程序。小车行程的自动控制,应根据工件的长短来核实。对大工件的加工不得超过机械性能和走刀的最大限度。双向刀架轴必须灵活可靠。

(4)清扫铁屑要有专用工具,清除轨道内刨屑必须停车。机床行走时不准变速,调速时必须停机。

怎样才能保障工人在使用吊装卡具、夹具时的安全？

应经常检查焊缝处及销轴、开口销等部位。严禁随意钻孔和使用变形的吊钩或卡具、夹具。严禁在卡具、夹具上烘烤过热或焊接，以免降低卡具、夹具的强度。

怎样才能保障工人在使用平板机时的安全？

(1)经常检查各传动部位，及时添加润滑油。针对工料板厚度缓慢逐渐地调整平板间隙。

(2)平板时操作人员应在两侧，板上必须清理干净，不得有浮动杂物，严禁在板上站人。

(3)比较长的钢板应放在平板托架上，并用起重机配合操作。

(4)操作时必须集中精神，协同一致，预防托架滚轮或滚杠挤手。

怎样才能保障工人在使用调直机时的安全？

安装要平稳，并应设置保护接地。操作时机器运转正常方可入料调直，被调的型钢应放平稳，移动被调工料时手放在外侧，顶具应有手柄，机轮应有安全防护罩。调直时要逐步进顶头，不得猛进。

怎样才能保障电梯安装工的施工安全？

(1)电梯安装操作人员，必须经身体检查，心脏病、高血压患者不得从事电梯安装操作。

(2)进入施工现场，必须遵守现场一切安全制度。操作时集中精神，严禁饮酒，着装整齐，并按规定穿戴个人防护用品。

（3）电梯安装井道内使用的照明灯，其电压不得超过 36V。操作用的手持电动工具必须绝缘良好，漏电保护器灵敏、有效。

（4）梯井内操作必须系安全带；上、下走爬梯，不得爬脚手架；操作使用的工具用毕必须装入工具袋；物料严禁上、下抛扔。

（5）电梯安装使用脚手架必须经组织验收合格，办理交接手续后方可使用。

（6）焊接动火应办理用火证，备好灭火器材，严格执行消防制度。施焊完毕必须检查火种，确认已熄灭方可离开现场。

（7）设备拆箱、搬运时，拆箱板必须及时清运码放到指定地点。拆箱板钉子应打弯。抬运重物前后呼应，配合协调。

（8）长形部件及材料必须平放，严禁立放。

怎样才能保障电梯样板架的制作安全？

（1）样板应牢固准确，制作样板时，架样板木方的木质、强度必须符合规定要求。

（2）架样板木方应按工艺规定牢固地安装在井道壁上，不允许作承重他用。

（3）放钢丝线时，钢丝线上临时所拴重物重量不得过大，必须捆扎牢固。放线时下方不得站人。

怎样才能保障电梯导轨部件安装施工的安全？

（1）剔墙、打设膨胀螺栓，操作时应站好位置，系好安全带，戴防护眼镜，持拿榔头不得戴手套，不得上下交叉作业。

（2）电锤应用保险绳拴牢，打孔不得用力过猛，防止遇钢筋卡住。

（3）剔下的混凝土块等物，应边剔边清理，不得留在脚手架上。

（4）用气焊切割后的导轨支架必须冷却后再焊接。

（5）导轨支架应用随取，不得大量堆积于脚手板上。

（6）导轨支架与承埋铁先行点焊，每侧必须上、中、下三点焊牢，待导轨调整完毕之后,再按全位置焊牢。

(7)在井道内紧固膨胀螺栓时,必须站好位置,扳子口应与螺栓规格协调一致,紧固时用力不得过猛。

怎样才能保障电梯导轨施工的安全?

(1)做好立道前的准备,应根据操作需要,由架子工对脚手板等进行重新铺设,准备导轨吊装的通道,挂滑轮处进行加固等,必须满足吊装轨道承重的安全要求。

(2)采用卷扬机立道,起吊速度必须低于 8 m/min。必须检查起重工具设备,确认符合规定方可操作。

(3)立轨道应统一行动,密切配合,指挥信号清晰明确,吊升轨道时,下方不得站人,并设专人随层进行监护。

(4)轨道就位连接或轨道暂时立于脚手架时,回绳不得过猛,导轨上端未与导轨支架固定好时,严禁摘下吊钩。

(5)导轨凸凹榫头相接入槽时,必须听从接道人员信号,落道要稳。

(6)紧固压道螺栓和接道螺栓时,上下配合好。

怎样才能保障电梯轨道调整施工的安全?

(1)轨道调整时,上下必须走梯道,严禁爬架子。

(2)所用的工具器材(如垫片、螺栓等)应随时装入工具袋内,不得乱放。

(3)无围墙梯井,如观光梯,严禁利用后沿的护身栏当梯子,梯外必须按高处作业规定进行安全防护。

怎样才能保障电梯门及部件安装施工的安全?

(1)安装上坎时(尤其货梯)必须互相配合,重量大宜用滑轮等起重工具进行。

（2）厅门门扇的安装必须按工艺防坠落的安全技术措施执行。

（3）井道安全防护门在厅门系统正式安装完毕前严禁拆除。

（4）机锁、电锁的安装，用电钻打定位销孔时，必须站好位置，工具应按规定随身携带。

怎样才能保障电梯机房内机械设备安装施工的安全？

（1）搬抬钢架、主机、控制柜等应互相配合；在尚无机房地板的梯井上稳装钢梁时，必须站在操作平台上操作。

（2）对于机房在下面，其顶层钢梁正式安装前，禁止将绳轮放在上面；钢梁应稳装在梯井承重墙或承重梁的上方，在此之前，不允许将主机、抗绳轮置于钢梁上。

（3）进行曳引机吊装前，必须校核吊装环的载荷强度。

（4）安装抗绳轮应采用倒链等工具进行，可先安装轴承架，再进行全部安装，操作时下方严禁站人。

怎样才能保障井道内运行设备安装施工的安全？

（1）安装配重前检查倒链及承重点应符合安全要求。

（2）配重框架吊装时，井道内不得站人，其放入井道应用溜绳缓慢进行。

（3）导靴安装前、安装中不可拆除倒链，并应将配重框架支牢固、扶稳。

（4）安装配重块应放入一端，再放入另一端，两人必须配合协调，配重块重量较大时，宜采用吊装工具进行。

（5）轿厢安装前，轿厢下面的脚手架，必须满铺脚板。

（6）倒链固定要牢固，不得长时间吊挂重物。

（7）轿厢载重量在 1000 kg 以下，井道进深不大于 2.3 m，可用两根不小于 200 mm×200 mm 坚硬木方支撑；载重量在 3000 kg 以下,井道深度不大于 4 m,可用两根 18 号工字钢或 20 号槽钢作支撑;如载重量及井道进深超过上述规定时,应增加支撑物规格尺寸。

(8)两人以上扛抬重物应密切配合(如上下底盘),部件必须拴牢。

(9)吊装底盘就位时,应用倒链或溜绳缓慢进行,操作人员不得站在井道内侧。

(10)吊装上梁、轿顶等重物时,必须捆绑牢固,操作倒链,严禁直立于重物下面。

(11)轿厢调整完毕,所有螺栓必须拧紧。

(12)钢丝绳安装放测量绳线时,绳头必须拴牢,下方不得站人。

(13)使用电炉熔化钨金时,炉架应做好接地保护;绳头灌钨金时,应将勺及绳头预热,熔化钨金的锅不得掉进水点,操作时必须戴手套及防护眼镜。

(14)放钢丝绳时要有足够的人力,人员严禁站于钢丝绳盘线圈内,手脚应远离导向物体;采用直接挂钢丝绳工艺,制作绳头时,辅助人员必须将钢丝绳拽稳,不得滑落。

(15)对于复线式电梯,用大绳等牵引钢丝绳,绳头拴绑处必须牢固,严禁钢丝绳坠落。

怎样才能保障电线管、电线槽制作的安全?

(1)使用砂轮锯切割电线管,应将工件放平,压力不得过猛。管槽锯口应去掉毛刺。

(2)在井道进行线槽及铁管安装时,应随用随取,不得大量堆于脚手板上,使用电钻时禁戴手套。

(3)穿线、拉送线双方呼应联系要准确,送线人员的手应远离管口,双方用力不可过急猛。

(4)机房内采用沿地面厚板明线槽,穿线后确认没有硌伤导线,必须加盖牢固。

安装工程

怎样才能保障电梯调试中
慢车准备和慢车运行的安全？

(1)慢车运行之前，必须具备以下条件：①缓冲器安装调整完毕，液压缓冲器注油；②限速器调整完毕；③抱闸调整完毕，其动作可靠无误；④急停回路中各开关作用准确可；⑤上下极限开关安装调整完毕，并投入使用。

(2)轿顶护身栏安装完毕，轿顶照明应完备。

(3)井道内障碍物应清除，孔洞盖严，存储器运行中不碰撞。

(4)因故厅门暂不能关闭，必须设专人监护，装好安全防护门(栏)，挂警告牌。

(5)若总承包单位(客户)在初次运行之前未装修好门套部分，必须将门厅两侧空隙封，物料不得伸入梯井。

(6)暂不用的按钮应用铁盖等措施保护封闭。

(7)慢车运行。任何人在任何地方使轿厢运行时(机房、轿顶、轿内)必须取得联系，可运行。

(8)在轿顶操作人员应选好位置，并注意井道器件、建筑物凸出结构、错车(与对重交错的位置，以及复绕绳轮的位置)。到达预定位置开始工作前，必须扳断电梯轿顶(或轿内)急停开关，再次运行前，方可恢复。

(9)在任何情况下，不得跨于轿厢与厅门门口之间进行工作。严禁探头于中间梁下、门厅口下、各种支架之下进行操作。特殊情况，必须切断电源。

(10)对于多部并列电梯，各电梯操作人员应互相照顾，如难以达到安全时，必须使相邻电梯工作时间错开。

(11)轿厢上行时，轿顶上的操作人员必须站好位置，停止其他工作，轿厢行驶中，严禁人员出入。

(12)轿厢因故停驶，轿厢底坎如高于厅门底坎 600 mm，轿内人员不得向外跳出，外出必须从轿顶进行。

(13)在机房内，应注意曳引绳、曳引轮、抗绳轮、限速器等运动部分，必须设置围栏或防护装置，严禁手扶。

怎样才能保障快车准备和快车运行的安全?

(1)经过慢车全程试车,各部位均正常无误。

(2)各种安全装置、安全开关等均动作灵敏可靠。

(3)各层厅门完全关闭,机、电锁作用可靠。

(4)快车运行中,轿顶不得站人。

(5)电梯试车过程中严禁携带乘客。

怎样才能保障电梯局部检查和调整的安全?

(1)在机房工作时,应将主电源切断,挂好标志牌,并设专人监护。

(2)盘车时,应将主电源切断,并采取断续动作方式,随时准备刹车。无齿轮电梯不准盘车。

(3)在各层操作时,进入轿厢前必须确认其停在本层,不得只看楼层灯即进入。在底坑操作时应切断停车开关或将动力电源切断。

(4)电梯的动力电源有改变时,再次送电之前,必须核对相序,防止电梯失控或电机烧毁。

(5)冬季试梯,曳引机应加低温齿轮油,若停梯时间较长,检查润滑油有凝结现象,必须采取措施处理后,方可开车。

第四章

建筑供电工程施工安全

怎样才能保障暂设电工的操作安全？

(1)电工作业必须经专业安全技术培训,考试合格,持《特种作业操作证》方准上岗独立操作。非电工严禁进行电气作业。

(2)电工接受施工现场暂设电气安装任务后,必须认真领会落实临时用电安全施工组织设计(施工方案)和安全技术措施交底的内容,施工用电线路架设必须按施工图规定进行,凡临时用电使用超过6个月(含6个月)以上的,应按正式线路架设。改变安全施工组织设计规定,必须经原审批单位领导同意签字,未经同意不得改变。

(3)电工作业时,必须穿绝缘鞋、戴绝缘手套,酒后不准操作。

(4)所有绝缘、检测工具应妥善保管,严禁他用,并应定期检查、校验。保证正确可靠接地或接零。所有接地或接零处,必须保证可靠电气连接。保护线 PE 必须采用绿/黄双色线,严格与相线、工作零线相区别,不得混用。

(5)电气设备的设置、安装、防护、使用、维修必须符合《施工现场临时用电安全技术规范》(JGJ 46－2005)的要求。

(6)在施工现场专用的中性点直接接地的电力系统中,必须采用 TN—S 接零保护。

(7)电气设备不带电的金属外壳、框架、部件、管道、金属操作台和移动式碘钨灯的金属柱等,均应做保护接零。

(8)定期和不定期对临时用电工程的接地、设备绝缘和漏电保护开关进行检测、维修,发现隐患及时消除,并建立检测维修记录。

(9)建筑工程竣工后,临时用电工程拆除,应按顺序先断电源,后拆除。不得留有隐患。

怎样才能保障配电和漏电保护施工的安全操作？

(1)三级配电。配电箱根据其用途和功能的不同,一般可分为三级。

1)总配电箱(又称固定式配电箱)。总配电箱用符号"A"表示。总配电箱是控制施工现场全部供电的集中点,应设置在靠近电源地区。电源由施工现场用电变压器低压侧引出的电缆线接入,并装设电流互感器、有功电度表、无功电度表、电流表、电压表及总开关、分开关。总配电箱内的开关均应采用自动空气开关(或漏电保护开关)。引入、引出线应穿管并有防水弯。

2)分配电箱(又称移动式配电箱)。分配电箱用符号"B"表示。其中1、2、3表示序号。分配电箱是总配电箱的一个分支,控制施工现场某个范围的用电集中点,应设在用电设备负荷相对集中的地区。箱内应设总开关和分开关。总开关应采用自动空气开关,分开关可采用漏电开关或刀闸开关并配备熔断器。

3)开关箱。直接控制用电设备。开关箱与所控制的固定式用电设备的水平距离不得大于3 m,与分配电箱的距离不得大于30 m。开关箱内安装漏电开关、熔断器及插座。电源线采用橡套软电缆线,从分配电箱引出,接入开关箱上闸口。

4)配电箱及其内部开关、器件的安装应端正牢固。安装在建筑物或构筑物上的配电箱为固定式配电箱,其箱底距地面的垂直距离应大于1.3 m,小于1.5 m。移动式配电箱不得置于面上随意拖拉,应固定在支架上,其箱底与地面的垂直距离应大于0.6 m,小于1.5 m。

5)配电箱内的开关、电器,应安装在金属或非木质的绝缘电器安装板上,然后整体紧固在配电箱体内,金属箱体、金属电器安装板以及箱内电器不带电的金属底座、外壳等,必须做保护接零。保护零线必须通过零线端子板连接。

6)配电箱和开关箱的进出线口,应设在箱体的下面,并加护套保护。进、出线应分路成束,不得承受外力,并做好防水弯。导线束

不得与箱体进、出线口直接接触。

7)配电箱内的开关及仪表等电器排列整齐,配线绝缘良好,绑扎成束。熔丝及保护装置按设备容量合理选择,三相设备的熔丝大小应一致。三个及以上回路的配电箱应设总开关,分开关应标有回路名称。三相胶盖闸开关只能作为断路开关使用,不得装设熔丝,应另加熔断器。各开关、触点应动作灵活、接触良好。配电箱的操作盘面不得有带电体明露。箱内应整洁,不得放置工具等杂物,箱门应有锁,并用红色油漆喷上警示标语和危险标志,喷写配电箱分类编号。箱内应设有线路图。下班后必须拉闸断电,锁好箱门。

8)配电箱周围 2 m 内不得堆放杂物。电工应经常巡视检查开关、熔断器的接点处是否过热。各接点是否牢固,配线绝缘有无破损,仪表指示是否正常等。发现隐患立即排除。配电箱应经常清扫除尘。

9)每台用电设备应有各自专用的开关箱,必须实行"一机一闸一漏一箱"制,严禁同一个开关电器直接控制两台及两台以上用电设备(含插座)。

(2)两级漏电保护。总配电箱和开关箱中两级漏电保护器的额定漏电动作电流和额定漏电动作时应合理配合,使之具有分级、分段保护的功能。

在总配电箱、分配电箱上安装的漏电保护开关的漏电动作电流应为 50~100 mA,保护该线路;开关箱安装漏电保护开关的漏电动作电流应为 30 mA 以下。

漏电保护开关不得随意拆卸和调换零部件,以免改变原有技术参数。并应经常查验,发现异常,必须立即查明原因,严禁带病使用。

怎样才能保障架空线路施工的安全?

(1)施工现场运电杆时,应由专人指挥。小车搬运,必须绑扎牢固,防止滚动。人抬时,前后要响应,协调一致,电杆不得离地过高,防止一侧受力扭伤。

(2)人工立电杆时,应有专人指挥。立杆前检查工具是否牢固可靠(如叉木无伤痕,链子合适,溜绳、横绳、逮子绳、钢丝绳无伤痕)。地锚钎子要牢固可靠,溜绳各方向吃力应均匀。操作时,互相配合,听从指挥,用力均衡;机械立杆,起重机臂下不准站人,上空(起重机起重臂杆回转半径内)所有带电线路必须停电。

(3)电杆就位移动时,坑内不得有人。电杆立起后,必须先架好叉木,才能撤去吊钩。电杆坑填土夯实后才允许撤掉叉木、溜绳或横绳。

(4)电杆的梢径不小于 13 cm,埋入地下深度为杆长的 1/10 再加上 0.6 m。木质杆不得劈裂、腐朽,根部应刷沥青防腐。水泥杆不得有露筋、环向裂纹、扭曲等现象。

1)登杆组装横担时,活扳子开口要合适,不得用力过猛。

2)登杆脚扣规格应与杆径相适应。使用脚踏板,钩子应向上。使用的机具、护具应完好无损。操作时系好安全带,并拴在安全可靠处,扣环扣牢,严禁将安全带拴在瓷瓶或横担上。

3)杆上作业时,禁止上下投掷料具。料具应放在工具袋内,上下传递料具的小绳应牢固可靠。递完料具后,要离开电杆 3 m以外。

(5)架空线路的干线架设(380/220 V)应采用铁横担、瓷瓶水平架设,挡距不大于 35 m,线间距离不小于 0.3 m。

1)架空线路必须采用绝缘导线。架空绝缘铜芯导线截面积不小于 10 mm²,架空绝缘铝芯导线截面积不小于 16 mm²,在跨越铁路、管道的挡距内,铜芯导线截面积不小于 16 mm²,铝芯导线截面积不小于 35 mm²。导线不得有接头。

2)架空线路距地面一般不低于 4 m,过路线的最下一层不低于 6 m。多层排列时,上、下层的间距不小于 0.6 m。高压线在上方,低压线在中间,广播线、电话线在下方。

3)干线的架空零线应不小于相线截面的 1/2。导线截面积在 10 mm² 以下时,零线和相线截面积相同。支线零线是指干线到闸箱的零线,应采用与相线大小相同的截面。

4)架空线路最大弧垂点至地面的最小距离见表 4—1。

表4—1　架空线路最大弧垂点至地面的最小距离(m)

架空线路 地区	线路负荷		架空线路 地区	线路负荷	
	1 kV 以下	1～10 kV		1 kV 以下	1～10 kV
居民区交通 要道(路口)	6 6	6.5 7	建筑物顶端 特殊管道	2.5 1.5	3 3

5)架空线路摆动最大时与各种设施的最小距离。外侧边线与建筑物凸出部分的最小距离 1 kV 以下时为 1 m,1～10 kV 时为 1.5 m。在建工程(含脚手架)的外侧边缘与外电架空线路的边线之间的最小距离:1 kV 以下时为 4 m;1～10 kV 时为 6 m。

(6)杆上紧线应侧向操作,并将夹紧螺栓拧紧,拧紧有角度的导线时,操作人员应在外侧作业。紧线时装设的临时脚踏支架应牢固。如用大竹梯,必须用绳将梯子与电杆绑扎牢固。调整拉线时,杆上不得有人。

(7)紧绳用的铅(铁)丝或钢丝绳,应能承受全部拉力,与电线连接必须牢固。紧线时导线下方不得有人。终端紧线时反方向应设置临时拉线。

(8)大雨、大雪及 6 级以上强风天,停止登杆作业。

怎样才能保障电缆敷设施工的安全?

(1)电缆在室外直接埋地敷设时,必须按电缆埋设图敷设,并应砌砖槽防护,埋设深度不得小于 0.6 m。

(2)电缆的上下各均匀铺设不小于 5 cm 厚的细砂,上盖电缆盖板或红砖作为电缆的保护层。

(3)地面上应有埋设电缆的标志,并应有专人负责管理。不得将物料堆放在电缆埋设的上方。

(4)有接头的电缆不准埋在地下,接头处应露出地面,并配有电缆接线盒(箱)。电缆接线盒(箱)应防雨、防尘、防机械损伤,并远离易燃、易爆、易腐蚀场所。

(5)电缆穿越建筑物、构筑物、道路、易受机械损伤的场所及引出地面从 2 m 高度至地下 0.2 m 处,必须加设防护套管。

(6)电缆线路与其附近热力管道的平行间距不得小于 2 m,交叉间距不得小于 1 m。

(7)橡套电缆架空敷设时,应沿着墙壁或电杆设置,并用绝缘子固定,严禁使用金属裸线作绑线。电缆间距大于 10 m 时,必须采用铅丝或钢丝绳吊绑,以减轻电缆自重,最大弧垂距地面不小于 2.5 m。电缆接头处应牢固可靠,做好绝缘包扎,保证绝缘强度,不得承受外力。

(8)在建建筑的临时电缆配电,必须采用电缆埋地引入。电缆垂直敷设时,位置应充分利用竖井、垂直孔洞。其固定点每楼层不得少于一处。水平敷设应沿墙或门口固定,最大弧垂距离地面不得小于 1.8 m。

怎样才能保障设备安装施工的安全?

(1)安装高压油开关、自动空气开关等有返回弹簧的开关设备时,应将开关置于断开位置。

(2)搬运配电柜时,应有专人指挥,步调一致。多台配电盘(箱)并列安装时,手指不得放在两盘(箱)的接合部位,不得触摸连接螺孔及螺丝。

(3)露天使用的电气设备,应有良好的防雨性能或有可靠的防雨设施。配电箱必须牢固、完整、严密。使用中的配电箱内禁止放置杂物。

(4)剔槽、打洞时,必须戴防护眼镜,锤子柄不得松动。錾子不得卷边、裂纹。打过墙、楼板透眼时,墙体后面、楼板下面不得有人靠近。

怎样才能保障室内线路安装施工的安全?

(1)安装照明线路时,不得直接在板条顶棚或隔声板上行走或堆放材料;因作业需要行走时,必须在大楞上铺设脚手板;顶棚内照

明应采用 36 V 低压电源。

(2)在脚手架上作业,脚手板必须满铺,不得有空隙和探头板。使用的料具,应放入工具袋随身携带,不得投掷。

(3)人力弯管器弯管,应选好场地,防止滑倒和坠落,操作时面部要避开。

(4)管子煨弯时,砂子必须烘干,装砂架子搭设牢固,并设栏杆,用机械敲打时,下面不得站人,人工敲打上下要错开。管子加热时,管口前不得有人。

(5)管子穿带线时,不得对管口呼唤、吹气,防止带线弹力勾眼。

(6)安装照明线路不准直接在板条顶棚或隔声板上通行及堆放材料。必须通行时,应在大楞上铺设脚手板。

(7)在平台、楼板上用人力弯管器煨弯时,应背向楼心,操作时面部要避开。大管径管子灌砂煨管时,必须将砂子用火烘干后灌入。用机械敲打时,下面不得站人,人工敲打上下要错开,管子加热时,管口前不得有人停留。

(8)管子穿带线时,不得对管口呼唤、吹气,防止带线弹出。两人穿线,应配合协调防止挤手。高处穿线,不得用力过猛。

(9)钢索吊管敷设,在断钢索及卡固时,应预防钢索头扎伤。绷紧钢索应用力适度,防止花篮螺栓折断。

(10)使用套管机、电砂轮、台钻、手电钻时,应保证绝缘良好,并有可靠的接零接地。漏电保护装置灵敏有效。

怎样才能保障室外线路安装施工的安全?

(1)作业前应检查工具(锹、镐、锤、钎等)牢固可靠。挖坑时应根据土质和深度,按规定放坡。

(2)杆坑在交通要道或人员经常通过的地方,挖好后的坑应及时覆盖,夜间设红灯示警。底盘运输及下坑时,应防止碰手、砸脚。

(3)施工现场运电杆时,应由专人指挥。小车搬运,必须绑扎牢固,防止滚动。人抬时,前后要响应,协调一致,电杆不得离地过高,防止一侧受力扭伤。

（4）人工立电杆时，应有专人指挥。立杆前检查工具是否牢固可靠（如叉木无伤痕，链子合适，溜绳、横绳、逮子绳、钢丝绳无伤痕）。地锚钎子要牢固可靠，溜绳各方向吃力应均匀。操作时，互相配合，听从指挥，用力均衡；机械立杆，起重机臂下不准站人，上空（起重机起重臂杆回转半径内）所有带电线路必须停电。

（5）电杆就位移动时，坑内不得有人。电杆立起后，必须先架好叉木，才能撤去吊钩。电杆坑填土夯实后才允许撤掉叉木、溜绳或横绳。

1）登杆组装横担时，活扳子开口要合适，不得用力过猛。

2）登杆脚扣规格应与杆径相适应。使用脚踏板，钩子应向上。使用的机具、护具应完好无损。操作时系好安全带，并拴在安全可靠处，扣环扣牢，严禁将安全带拴在瓷瓶或横担上。

（6）杆上作业应符合以下规定。

1）杆上作业时，禁止上下投掷料具。料具应放在工具袋内，上下传递料具的小绳应牢固可靠。递完料具后，要离开电杆 3 m 以外。

2）杆上紧线应侧向操作，并将夹紧螺栓拧紧，紧有角度的导线时，操作人员应在外侧作业。紧线时装设的临时脚踏支架应牢固。如用大竹梯，必须用绳将梯子与电杆绑扎牢固。调整拉线时，杆上不得有人。

（7）紧绳用的铅（铁）丝或钢丝绳，应能承受全部拉力，与电线连接必须牢固。紧线时导线下方不得有人。终端紧线时反方向应设置临时拉线。

（8）架线时在线路的每2～3 km处，应设一次临时接地线，送电前必须拆除。大雨、大雪及6级以上强风天，停止登杆作业。

怎样才能保障电缆安装施工的安全？

（1）架设电缆轴的地面必须平实。支架必须采用有底平面的专用支架，不得用千斤顶等代替。敷设电缆必须按安全技术措施交底内容执行，并设专人指挥。

（2）人力拉引电缆时，力量要均匀，速度应平稳，不得猛拉猛跑。看轴人员不得站在电缆前方。敷设电缆时，处于拐角的人员，必须站在电缆弯曲半径的外侧。过管处的人员必须做到：送电缆时手不可离管口太近；迎电缆时，眼及身体严禁直对管口。

（3）竖直敷设电缆，必须有预防电缆失控下溜的安全措施。电缆放完后，应立即固定、卡牢。

（4）人工滚运电缆时，推轴人员不得站在电缆前方，两侧人员所站位置不得超过缆轴中心。电缆上、下坡时，应采用在电缆轴中心孔穿铁管，在铁管上拴绳拉放的方法，平稳、缓慢进行。电缆停顿时，将绳拉紧，及时"打掩"制动。

（5）汽车运输电缆时，电缆应尽量放在车头前方（跟车人员必须站在电缆后面），并用钢丝绳固定。

（6）在已送电运行的变电室沟内进行电缆敷设时，电缆所进入的开关柜必须停电。并应采用绝缘隔板等措施。在开关柜旁操作时，安全距离不得小于 1 m（10 kV 以下开关柜）。电缆敷设完如剩余较长，必须捆扎固定或采取措施，严禁电缆与带电体接触。

（7）挖电缆沟时，应根据土质和深度情况按规定放坡。在交通道路附近或较繁华地区施工电缆沟时，应设置栏杆和标志牌，夜间设红色标志灯。

（8）在隧道内敷设电缆时，临时照明的电压不得大于 36 V。施工前应将地面进行清理，积水排净。

怎样才能保障电气调试施工的安全？

（1）进行耐压试验装置的金属外壳必须接地，被试设备或电缆两端，如不在同一地点，另一端应有人看守或加锁，并对仪表、接线等检查无误，人员撤离后，方可升压。

（2）电气设备或材料做非冲击性试验，升压或降压均应缓慢进行。因故暂停或试验结束，应先切断电源，安全放电，并将升压设备高压侧短路接地。

（3）电力传动装置系统及高低压各型开关调试时，应将有关的开关手柄取下或锁上,悬挂标志牌,防止误合闸。

(4)用摇表测定绝缘电阻,严禁有人触及正在测定中的线路或设备,测定容性或感性设备材料后,必须放电,遇到雷电天气,停止摇测线路绝缘。

(5)电流互感器禁止开路,电压互感器禁止短路和以升压方式进行。电气材料或设备需放电时,应穿戴绝缘防护用品,用绝缘棒安全放电。

怎样才能保障施工现场变压器维修的安全?

(1)现场变配电高压设备,不论带电与否,单人值班严禁跨越遮栏和从事修理工作。

(2)高压带电区域内部分停电工作时,人体与带电部分必须保持安全距离,并应有人监护。见表4—2。

表4—2　人体与带电部分安全距离

电　压(kV)	6以下	10～35	44	60～110
距　离(m)	0.35	0.60	0.90	1.5

(3)停电、验电及悬挂地线,操作手柄应上锁或挂标示牌。在变配电室内,外高压部分及线路工作时,应按以下顺序进行。

1)切断有关电源,操作手柄应上锁或挂标示牌。

2)验电时应戴绝缘手套,按电压等级使用验电器,在设备两侧各相或线路各相分别验电。

3)验明设备或线路确认无电后,即将检修设备或线路做短路接地。

4)装设接地线,应由两人进行,先接接地端,后接导体端,拆除时顺序相反。拆、接时均应穿戴绝缘防护用品。

5)接地线应使用截面不小于25 mm² 的多股软裸铜线和专用线夹。严禁用缠绕的方法进行接地和短路。

6)设备或线路检修完毕,应全面检查无误后方可拆除临时短接地线。

（4）用绝缘棒或传统机构拉、合高压开关,应戴绝缘手套。雨天室外操作时,除穿戴绝缘防护用品外,绝缘棒应有防雨罩,应专人监护。严禁带负荷拉、合开关。

（5）电气设备的金属外壳必须接地或接零。同一设备可做接地和接零。同一供电系统不允许一部分设备采用接零,另一部分采用接地保护。

（6）电气设备所用保险丝(片)的额定电流应与其负荷量相适应。严禁用其他金属线代替保险丝(片)。

怎样才能保障现场照明安装施工的安全?

（1）施工现场照明应采用高光效、长寿命的照明光源。工作场所不得只装设局部照明,对于需要大面积的照明场所,应采用高压汞灯、高压钠灯或碘钨灯,灯头与易燃物的净距离不小于 0.3 m。流动性碘钨灯采用金属支架安装时,支架应稳固,灯具与金属支架之间必须用不小于 0.2 m 的绝缘材料隔离。

（2）施工照明灯具露天装设时,应采用防水式灯具,距地面高度不得低于 3 m。工作棚、场地的照明灯具可分路控制,每路照明支线上连接灯数不得超过 10 盏,若超过 10 盏时,每个灯具上应装设熔断器。

（3）室内照明灯具距地面不得低于 2.4 m。每路照明支线上灯具和插座数不宜超过 25 个,额定电流不得大于 15 A,并用熔断器或自动开关保护。

（4）一般施工场所宜选用额定电压为 220 V 的照明灯具,不得使用带开关的灯头,应选用螺口灯头。相线接在与中心触头相连的一端,零线接在与螺纹口相连的一端。灯头的绝缘外壳不得有损伤和漏电,照明灯具的金属外壳必须做保护接零。单相回路的照明开关箱内必须装设漏电保护开关。

（5）现场局部照明用的工作灯,室内抹灰、水磨石地面等潮湿的作业环境,照明电源电压应不大于 36 V。在特别潮湿、导电良好的地面、锅炉或金属容器内工作的照明灯具,其电源电压不得大于

12 V。工作手灯应用胶把和网罩保护。

（6）36 V 的照明变压器，必须使用双绕组型，二次线圈、铁芯、金属外壳必须有可靠保护接零。一、二次侧应分别装设熔断器，一次线长度不应超过 3 m。照明变压器必须有防雨、防砸措施。

（7）照明线路不得拴在金属脚手架、龙门架上，严禁在地面上乱拉、乱拖。灯具需要安装在金属脚手架、龙门架上时，线路和灯具必须用绝缘物与其隔离开，且距离工作面高度在 3 m 以上。控制刀闸应配有熔断器和防雨措施。

（8）施工现场的照明灯具应采用分组控制或单灯控制。

怎样才能保障发电机工作的安全？

（1）作业前检查内燃机与发电机传动部分，应连接可靠，输处线路的导线绝缘良好，各仪表齐全、有效。

（2）发电机电压太低，将对负椅（如电动设备）的运行产生不良影响，对发动机本身运行也不利，还会影响并网运行的稳定性；电压太高，除影响用电设备的安全运行外，还会影响发电机的使用寿命。因此，发电机连续运行的最高和最低允许电压值不得超过额定值的 ±10％。其正常运行的电压变动范围应在额定值的 ±5％ 以内，超处这个规定值时应进行调整，功率因数为额定值时，发电机额定容量不变。

（3）启动后检查发电机在升速中应无异响，滑环及整流子上电刷接触良好，无跳动及冒火花现象。待运转稳定，频率、电压达到额定值后，方可向外供电。荷载应逐步增大，三相应保持平衡。

（4）当发电机组在高频率运行时，容易损坏部件，甚至发生事故，与发电机在过低频率运转时，不但对用电设备的安全和效率产生不良影响，而且能使发电机转速降低，定子和转子线圈温度升高。所以发电机在额定频率值运行时，其变动范围不得超过 ±0.5 Hz。

（5）启动前应先将励磁变阻器的电阻值放在最大位置上，然后切断供电输处主开关，接合中性点接地开关。有离合器的机组，应先启动内燃机空载运转，待正常后再接合发电机。

(6)发电机功率因数不得超过迟相(滞后)0.95。有自动励磁调节装置的,可在功率因数为 1 的条件下运行,必要时可允许短时间在迟相 0.95～1 的范围内运行。

(7)以内燃机为动力的发电机,其内燃机部分应严格按照内燃机操作安全规程操作。

(8)发电机运行中应经常检查并确认各仪表指示及各运转部分正常,并应随时调整发电机的荷载。定子、转子电流不得超过允许值。

(9)停机前应先切断各供电分路主开关,逐步减少荷载,然后切断发电机供电主开关,将励磁变阻器复回到电阻最大值位置,使电压降至最低值,再切断励磁开关和中性点接地开关,最后停止内燃机运转。

(10)新装、大修或停用 10 d 以上的发电机,使用前应测量定子和励磁回路的绝缘电阻以及吸收比,定子的绝缘电阻不得低于上次所测值的 30%,励磁回路的绝缘电阻不得低于 0.5 MΩ,吸收比不得小于 1.3,并应做好测量记录。

(11)发电机开始运转后,即应认为全部电气设备均已带电。

怎样才能保障电动机工作的安全?

(1)长期停用或可能受潮的电动机.使用前应测量绝缘电阻,其值不得小于 0.5 MΩ。

(2)采用热继电器作电动机过载保护时,其容量小于额定电流时,则电动机未过载时即发生作用;大于额定电流时,就失去了保护作用。因此,其容量应选择电动机额定电流的 100%～125%。

(3)当电动机额定电压变动在 -5%～+10% 的范围内时,可以额定功率连续运行;当超过时,则应控制负荷。

怎样才能保障动力和电气装置工作的安全?

(1)清洗机电设备时,不得将水冲到电气设备上。

（2）冷却系统的水质应保持洁净，硬水含有大量矿物质，高温作用下将产生水垢堵塞水道，降低散热功能，所以需要经过软化处理后再使用。

（3）电气装置遇跳闸时，不得强行合闸，以免导致接零或接地失去保护作用烧坏电气设备。应查明原因，排除故障后方可再行合闸。

（4）在同一供电系统中，不得同时采用接零和接地两种保护方法，即：不得将一部分电气设备作保护接地，而将另一部分电气设备作保护接零。

（5）严禁带电作业或采用预约停送电时间的方式进行电气检修。检修前必须先切断电源并在电源开关上挂"禁止合闸，有人工作"的警告牌。警告牌的挂、取应有专人负责。

（6）安装在室内的各类固定式动力机械，基础（基座）应符合规定，移动式动力机械应处于水平状态，放置稳固。内燃机机房应有良好的通风，周围应有 1 m 以上的通道，排气管必须引出室外，并不得与可燃物接触。室外使用动力机械应搭设机棚。

（7）严禁利用大地做工作零线，不得借用机械本身金属结构做工作零线。

（8）电气设备的额定工作电压必须与电源电压等级相符。

（9）各种配电箱、开关箱应配备安全锁，箱内不得存放任何其他物件并应保持清洁。本岗位作业人员不得擅自开箱合闸。每班工作完毕后，应切断电源，锁好箱门。

（10）电气设备的金属外壳应采用保护接地或保护接零，具体要求如下两点。

1）保护接零：中性点直接接地系统中的电气设备应采用保护接零。

2）保护接地：中性点不直接接地系统中的电气设备应采用保护接地。接地网接地电阻不宜大于 4Ω（在高土壤电阻率地区，应遵照当地供电部门的规定）。

（11）电气设备的每个保护接地或保护接零点必须用单独的接地（零）线与接地干线（或保护零线）相连接。严禁在一个接地（零）线中串接几个接地（零）点。

（12）发生人身触电时，应立即切断电源，然后方可对触电者作紧急救护。严禁在未切断电源之前与触电者直接接触。

（13）在保护接零的零线上串接熔断器或短路设备，将使零线失去保护功能。所以不得在保护接零的零线上装设开关或熔断器。

（14）动力机械的燃油和润滑油牌号应符合该机规定，油质和加油器具应保持洁净（柴油应沉淀过滤），并应按季节要求换油。

（15）电气设备或线路发生火警时，应首先切断电源，在未切断电源之前，不得使身体接触导线或电气设备。也不得用水或泡沫灭火机进行灭火。

怎样才能保障 10 kV 以下配电装置工作的安全？

（1）施工现场低压电力线路网必须采用两级漏电保护系统，即第一级的总电源（总配电箱）保护和第二级的分电源（分配电箱或开关箱）保护，其额定漏电动作电流和额定漏电动作时间应合理配合，并应具有分级分段保护的功能。

（2）施工电源及高低压配电装置应设专职值班人员负责运行与维护，高压巡视检查工作不得少于二人，每半年应进行一次停电检修和清扫。

（3）配电箱或开关箱内的漏电保护器的额定漏电动作电流不应大于 30 mA，额定漏电动作时间应小于 0.1 s；使用于潮湿或有腐蚀介质场所的漏电保护器应采用防溅型产品，其额定漏电动作电流不应大于 15 mA，额定漏电动作时间应小于 0.1 s。

（4）避雷装置在雷雨季节之前应进行一次预防性试验，并应测量接地电阻。雷电后应检查阀型避雷器的瓷瓶、连接线和地线均应完好无损。

（5）施工现场电动建筑机械或手持电动工具的荷载线，必须按其容量选用无接头的铜芯橡皮护套软电缆。其中绿、黄双色线在任何情况下只可用作保护零线或重复接地线。

（6）停用或经修理后的高压油开关，在投入运行前应全面检查，在额定电压下作合闸、跳闸操作各三次，其动作应正确可靠。

(7)在易燃、易爆、有腐蚀性气体的场所应采用防爆型低压电器;在多尘和潮湿或易触及人体的场所应采用封闭型低压电器。

(8)在施工现场专用的中性点直接接地的电力线路中必须采用TN—S接零保护系统。施工现场所有电气设备的金属外壳必须与专用保护零线连接。

(9)各种熔断器的额定电流必须按规定合理选用。严禁在现场利用铁丝、铝丝等非专用熔丝替代。熔断器具有在一定温度下被烧断的特性,在电路中起着过载和短路的保护作用,如果熔断器的熔点选择不当或用其他金属丝代替,由于熔点不同,当电路中出现过载或短路时不能及时熔断而失去保护作用。

(10)隔离开关应每季检查一次,瓷件应无裂纹及放电现象;接线柱与螺栓应无松动;刀型开关应无变形、损伤,接触应严密。三相隔离开关各相动触头与静触头应同时接触,前后相差不得大于3 mm。

(11)施工现场的各种配电箱、开关箱必须有防雨设施,并应装设端正、牢固。固定式配电箱、开关箱的底部与地面的垂直距离为1.3~1.5 m;移动式配电箱、开关箱的底部与地面的垂直距离宜在0.6~1.5 m。

(12)施工现场低压供电线路的干线和分支线的终端,以及沿线每1 km处的保护零线应作重复接地;配电室或总配电箱的保护零线以及塔式起重机的行走轨道均应作重复接地。重复接地的接地电阻值不应大于10 Ω。

(13)每台电动建筑机械应有各自专用的开关箱,必须实行"一机一闸"制。开关箱应设在机械设备附近。

(14)漏电保护器应按产品使用说明书的规定安装、使用和定期检查,确保动作灵敏、运行可靠、保护有效。

(15)各种电源导线严禁直接绑扎在金属架上。

(16)低压电气设备和器材的绝缘电阻不得小于0.5 MΩ。

(17)配电箱电力容量在15 kW以上的电源开关严禁采用瓷底胶木刀型开关。4.5 kW以上电动机不得用刀型开关直接启动。各种刀型开关应采用静触头接电源,动触头接荷载,严禁倒接线。

(18)高压油开关的瓷套管应保证完好,油箱无渗漏,油位、油质

正常,合闸指示器位置正确,传动机构灵活可靠。并应定期对触头的接触情况、油质、三相合闸的同期性进行检查。

(19)架空导线的截面应满足安全载流量的要求,且电压损失不应大于5%。同时,导线的截面应满足架空强度要求,绝缘铝线截面不得小于 16 mm²,绝缘铜线截面不得小于 10 mm²。施工现场导线与地面直接距离应大于 4 m;导线与建筑物或脚手架的距离应大于 4 m。

(20)照明采用电压等级应符合下列要求。

1)一般场所为 220 V。

2)在潮湿和易触及带电体场所不大于 24 V。

3)在特别潮湿的场所、导电良好的地面、锅炉或金属容器内不大于 12 V。

4)隧道、人防工程、有高温、导电灰尘或灯具离地面高度低于 2.4 m 等场所不大于 36 V。

(21)使用移动发电机供电的用电设备,其金属外壳或底座,应与发电机电源的接地装置有可靠的电气连接。

(22)照明变压器必须使用双绕组型,严禁使用自耦变压器。

(23)电压 400/230 V 的自备发电机组电源应与外电线路电源连锁,严禁并列运行供电。发电机组应设置短路保护和过荷载保护。

怎样才能保障手持电动工具操作的安全?

(1)使用角向磨光机时应符合下列要求。

1)磨削作业时,应使砂轮与工件面保持 15°～30°的倾斜位置;切削作业时,砂轮不得倾斜,并不得横向摆动。

2)砂轮应选用增强纤维树脂型,其安全线速度不得小于 80 m/s。配用的电缆与插头应具有加强绝缘性能,并不得任意更换。

(2)采用工程塑料为机壳的非金属壳体的电动机、电器,在存放和使用时应防止受压、受潮,并不得接触汽油等溶剂。

(3)为了防止射钉枪射钉误发射而造成人身伤害事故,使用射钉枪时应符合下列要求。

1)在更换零件或断开射钉枪之前,射枪内均不得装有射钉弹。

2)严禁用手掌推压钉管和将枪口对准人。

3)击发时,应将射钉枪垂直压紧在工作面上,当两次扣动扳机,子弹均不击发时,应保持原射击位置数秒钟后,再退出射钉弹。

(4)机具启动后,应空载运转,应检查并确认机具联动灵活无阻。作业时,加力应平稳,不得用力过猛。

(5)使用刃具的机具,应保持刃磨锋利,完好无损,安装正确,牢固可靠。

(6)手持电动工具依靠操作人员的手来控制,如果在运转过程中撒手,机具失去控制,会破坏工件、损坏机具,甚至造成人身伤害。所以机具转动时,不得撒手不管。

(7)使用冲击电钻或电锤时,应符合下列要求。

1)钻孔时,应注意避开混凝土中的钢筋。

2)电钻和电锤为40%断续工作制,不得长时间连续使用。

3)作业孔径在25 mm以上时,应有稳固的作业平台,周围应设护栏。

4)作业时应掌握电钻或电锤手柄,打孔时先将钻头抵在工作表面,然后开动,用力适度,避免晃动;转速若急剧下降,应减少用力,防止电机过载,严禁用木杠加压。

(8)手持电动工具转速高,振动大,作业时与人体直接接触,所以在潮湿地区或在金属构架、压力容器、管道等导电良好的场所作业时,必须使用双重绝缘或加强绝缘的电动工具。

(9)使用瓷片切割机时应符合下列要求。

1)切割过程中用力应均匀适当,推进刀片时不得用力过猛。当发生刀片卡死时,应立即停机,慢慢退出刀片,应在重新对正后方可再切割。

2)作业时应防止杂物、泥尘混入电动机内,并应随时观察机壳温度,当机壳温度过高及产生炭刷火花时,应立即停机检查处理。

(10)作业前的检查应符合下列要求。

1)外壳、手柄不出现裂缝、破损。

2)各部防护罩齐全牢固,电气保护装置可靠。

3)电缆软线及插头等完好无损,开关动作正常,保护接零连接正确牢固可靠。

(11)作业中,不得用手触摸刃具、模具和砂轮,发现其有磨钝、破损情况时,应立即停机修整或更换,然后再继续进行作业。

(12)使用电剪时应符合下列要求。

1)作业时不得用力过猛,当遇刀轴往复次数急剧下降时,应立即减少推力。

2)作业前应先根据钢板厚度调节刀头间隙量。

(13)使用砂轮的机具,其转速一般在 10 000 r/min 以上,因此,对砂轮的质量和安装有严格要求。使用前应检查砂轮与接盘间的软垫并安装稳固,螺帽不得过紧,凡受潮、变形、裂纹、破碎、磕边缺口或接触过油、碱类的砂轮均不得使用,并不得将受潮的砂轮片自行烘干使用。

(14)严禁超载使用。为防止机具故障达到延长使用寿命的目的,作业中应注意音响及温升,发现异常应立即停机检查。在作业时间过长,机具温升超过 60 ℃时,应停机,自然冷却后再行作业。

(15)使用拉铆枪时应符合下列要求。

1)铆接时,当铆钉轴未拉断时,可重复扣动扳机,直到拉断为止,不得强行扭断或撬断,以免造成机件损伤。

2)为避免失去调节精度、影响操作,作业中,接铆头子或并帽若有松动,应立即拧紧。

3)被铆接物体上的铆钉孔应与铆钉滑配合,并不得过盈量太大以免影响铆接质量。

怎样才能保障电焊工具操作的安全?

1.焊钳和焊枪安全操作要求

(1)等离子焊枪应保证水冷却系统密封。不漏气、不漏水。

(2)有良好的绝缘性能和隔热能力。手柄要有良好的绝热层以防发热烫手。气体保护焊的焊枪头应用隔热材料包覆保护。焊钳由夹条处至握柄联结处止。间距为 150 mm。

（3）结构轻便、易于操作。手弧焊钳的重量不应超过 600 g，要采用同家定型产品。

（4）焊钳和焊枪与电缆的连接必须简便牢靠，连接处不得外露，以防触电。

（5）手弧焊钳应保证在任何斜度下都能夹紧焊条，更换方便。

2. 焊接电缆安全要求

（1）焊接电缆应具有良好的抗机械损伤能力，耐油、耐热和耐腐蚀等性能。

（2）轻便柔软，能任意弯曲和扭转，便于操作。

（3）焊接电缆的长度应根据具体情况来决定。太长电压降增大，太短对工作不方便，一般电缆长度取 20～30 m。

（4）焊接电缆应具有良好的导电能力和绝缘外层。一般是用紫铜芯（多股细线）线外包胶皮绝缘套制成，绝缘电阻不小于 1 MΩ。

（5）要有适当截面积。焊接电缆的截面积应根据焊接电流的大小，按规定选用。以保证导线不致过热而烧坏绝缘层，电缆截面与最大使用电流见表 4－3。

表 4－3　电缆截面与最大使用电流

导线截面积	单股（mm²）	25	50	70	95
	双股（mm²）	2×6	2×16	2×25	2×35
最大使用电流（A）		200	300	450	600

（6）严禁利用厂房的金属机构、管道、轨道或其他金属搭接起来作为导线使用。

（7）焊接电缆应用整根的，中间不应有接头。如需用短线接长时，则接头不得超过 2 个。接长电缆时，应用接头连接器牢固连接，连接处应保持绝缘良好。

（8）不得将焊接电缆放在电弧附近炽热的焊缝金属旁，以避免烧坏绝缘层。同时也要避免碾压磨损等。禁止焊接电缆与油、脂等易燃物料接触。

（9）焊接电缆的绝缘情况，应每半年一次定期检查。

(10)焊接电缆与焊机的接线,必须采用铜(或铝)线鼻子,以避免二次端子板烧坏,造成火灾。

(11)焊机与配电盘连接的电源线,因电压高,除保证良好的绝缘外,其长度不应超过3 m。如确需较长导线时,应采取间隔的安全措施,即应离地面2.5 m以上沿墙用瓷瓶布设。严禁将电源线沿地铺设,更不要落入泥水中。

3. 电焊工具使用安全要求

(1)焊接工作开始前,应首先检查焊机和工具是否完好和安全可靠。如焊钳和焊接电缆的绝缘是否有损坏的地方,焊机的外壳接地和焊机的各接线点接触是否良好。不允许未进行安全检查就开始操作。

(2)工作地点潮湿时,地面应铺有橡胶板或其他绝缘材料。

(3)身体出汗后而使衣服潮湿时,切勿靠在带电的钢板或工件上,以防触电。

(4)在带电情况下,为了安全,焊钳不得夹在腋下去搬被焊工件或将焊接电缆挂在颈上。

(5)推拉闸刀开关时,脸部不允许直对电闸,以防止短路造成的火花烧伤面部。

(6)在狭小空间、船舱、容器和管道内工作时,为防止触电,必须穿绝缘鞋,脚下垫有橡胶板或其他绝缘衬垫;最好两人轮换工作,以便互相照看。否则需有一名监护人员,随时注意操作人的安全情况,一遇有危险情况,就立即切断电源进行抢救。

(7)更换焊条一定要戴皮手套,不要赤手操作。

(8)下列操作,必须在切断电源后才能进行。

改变焊机接头时,更换焊件需要改接二次回路时,更换保险装置时,焊机发生故障需进行检修时,转移工作地点搬动焊机时,工作完毕或临时离开工作现场时。

参考文献

参考文献

[1] 中国建筑工业出版社.新片建筑工程施工质量验收规范汇编[M].第 2 版.北京:中国建筑工业出版社、中国计划出版社,2003.

[2] 刘文君.建筑工程技术交底记录[M].北京:经济科学出版社,2003.

[3] 北京工木建筑学会.建筑施工安全手册[M].武汉:华中科技大学出版社,2008.

[4] 刘劲辉.建筑电气工程施工质量验收规范应用指南[M].北京:中国建筑工业出版社,2003.